珠宝手绘

西班牙高等艺术院校专业绘画课程

东舍 刘长青 译

人民美术出版社
北京

图书在版编目（CIP）数据

珠宝手绘 / (西) 玛丽亚·何塞普·福卡德利·贝伦格尔, (西) 何塞普·阿斯奇恩·帕斯托编绘；东舍, 刘长青译. -- 北京：人民美术出版社, 2018.12
ISBN 978-7-102-07919-6

Ⅰ.①珠… Ⅱ.①玛… ②何… ③东… ④刘… Ⅲ.①宝石—设计—绘画技法 Ⅳ.①TS934.3

中国版本图书馆CIP数据核字(2017)第276001号

著作权合同登记号：01-2013-6414
Original Spanish Title: Dibujo para joyeros
© Copyright ParramonPaidotribo—World Rights
Published by Parramon Paidotribo, S.L., Spain
This simplified Chinese translation edition arranged through THE COPYRIGHT AGENCY OF CHINA

珠宝手绘 ZHŪBĂO SHŌUHUÌ

编辑出版　人民美术出版社
（北京市东城区北总布胡同32号　邮编：100735）
http://www.renmei.com.cn
发行部：（010）67517601
网购部：（010）67517864
翻　　译　东　舍　刘长青
责任编辑　薛倩琳
版式设计　张芫铭
责任校对　马晓婷
责任印制　胡雨竹
印　　刷　北京缤索印刷有限公司
经　　销　全国新华书店

版　次：2018年12月　第1版　第1次印刷
开　本：710mm×1000mm　1/16
印　张：12
印　数：0001—3000
ISBN 978-7-102-07919-6
定　价：78.00元
如有印装质量问题影响阅读，请与我社联系调换。（010）67517784
版权所有　翻印必究

Text:
MARIA JOSEP FORCADELL BERENGUER
JOSEP ASUNCIÓN PASTOR
Exercises:
MARIA JOSEP FORCADELL BERENGUER
JOSEP ASUNCIÓN PASTOR

珠宝手绘
DRAWING FOR JEWELERS

东舍 刘长青 译

人民美术出版社

目 录

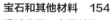

前言

　　工匠为了将想法变成现实，会亲自动手融化、切割、锤打、焊接金属来制作首饰。没有这样身体力行的实践，首饰不可能产生，大多数首饰诞生于对原材料的直接加工。当然，并不是所有的首饰都来源于作坊，还有其他途径。其中，最重要的就是手绘，非常快捷。工匠若不精通此道，会错失很多快捷地设计首饰的机会，甚至是呈现想法和方案的方式。

　　手绘能让工匠不被熟悉的材料和工具所束缚，且容易掌握，最重要的是培养敏感性。只需要一支笔，就能将想法在纸上表现出来，还能探索变化，研究如何定位铰链和搭扣、调整比例，还可以把同一个部件表现为不同的材质，甚至改变珠宝的颜色等等。

　　意识到了这种媒介的重要性和价值，我们专门为首饰设计师编写了这本手绘教程。它既可以指导实践，也可以作为一个线性结构的教学课程。这本书是首饰工艺实践的结晶，包含大量的首饰制作实例，并且探寻在专业练习和手工坊的日常工作中所使用工艺的视觉呈现方案。同时，本书还是一所创立于1915年旨在培养专业协会认可的人才的艺术院校的教学实践总结。这所历史悠久的院校为本书提供了质量上乘的习作和严谨的内容框架。

手绘是一种工具，而不是目的本身。和每种工具一样，它具有功能意义和价值。另外，绘画的作用在于获取知识。画完一件物体之后，我们就会更了解它；通过绘画，我们将想法视觉化，用真实的、具体的方式去了解它。

本书共分六章。在第一章介绍手绘材料和方法之后，是两个关键章节：草图和工程图纸。这两章集中叙述了透视图和平面图：如何画出首饰？如何直观地解释其后续组装的技术特征？第四、五章是关于首饰中常用的材料，如金属和宝石。最后一章中添加了很多艺术创作，如极具装饰性或表现性的手绘风格、将传统媒介与新技术相结合的案例，等等。目的是告诉读者找到自己独有的艺术语言。在此，我们只是简要地提到了电脑绘图，这是另一个大课题，需要阅读相关的专业书籍才能掌握。

书中的案例供读者参考，它们以循序渐进的方式将理论可视化。依循这些实例，就可以画出属于你自己的设计。

玛利亚·何塞普·福卡德利·博伦古尔

毕业于巴塞罗那大学美术学院，攻读油画专业，同时还在巴塞罗那马萨那学校研修金属珐琅课程。她的研究范围涉及不同的艺术领域，有珐琅、珠宝、雕塑等。目前主要从事城市雕塑项目。1987年，加入巴塞罗那工艺美术学院的珠宝系，从此与珠宝密不可分。此外，她还教授珠宝手绘与设计的课程。

何塞普·亚松森·帕斯特

毕业于巴塞罗那大学美术学院，攻读油画专业。1983年，他开始将个人的艺术创作与教学相结合。自1987年始，任教于巴塞罗那工艺美术学院，讲授油画、纸张、素描课程，他还组织研讨会、参加会议，在不同地区讲授与艺术相关的课程。另外，他还是"克瑞特艺术家协会"和巴塞罗那室内Bodaga文化的创始人之一。

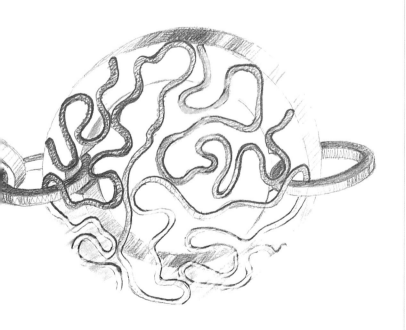

媒介与材料

材料和媒介，以一种赋予事物生命的方式，支配着我的技巧。

—— 胡安·米罗，1959

不同硬度的铅笔色调。软铅比硬铅的颜色要深，常用于画深灰色。

手绘媒介：线条和阴影

　　珠宝手绘中使用的媒介分为两大类：干媒，即不使用稀释剂；湿媒，以水为稀释剂。在第一类中，通常包括石墨铅笔、彩铅、粗蘸水笔和圆珠笔；第二类包括彩墨和水粉颜料。其他的媒介，如木炭、色粉笔、油彩、蜡笔、拼贴、珐琅或丙烯颜料，尽管常用于精细的艺术创作，但在珠宝手绘这个特殊的领域中并不常用。

石墨铅笔

　　石墨非常软，在制作时会掺入不同比例的硬化剂（黏土），以使铅芯达到不同的软硬度。铅芯的硬度体系已经很成熟了：B代表软铅，H代表硬铅，字母后面会加一个数字或系数。硬铅的范围是从9H（最硬）到H，软铅是从9B（最软）到B，HB和F是软硬适中的中间值。

橡皮也有不同的硬度。推荐使用带握柄的橡皮，便于更精准地擦除痕迹。

软铅比硬铅的颜色深，因此很适合描绘阴影、涂抹和制造特殊效果。硬铅则适合绘制线条、精确的细节，色彩较淡。通常来说，一幅作品需要用到很多不同类型的铅笔，从而产生丰富的色调和层次变化。常见的载体就是纸张，其克数、纹理、色度的选择取决于想要实现的效果。除了有蜡涂层和极度光滑的纸张外，石墨可以应用于任何纸张。如果使用的是非常软质的铅笔，作品完成后最好喷一层定画液来保护画面。

自动铅笔有这样一个好处，即可以非常精细地勾勒线条，最细可以达到0.25mm。建议准备不同粗细（0.25mm、0.5mm、0.7mm、1mm）的自动铅笔，用于描绘不同粗细的线条。对于珠宝设计图来说，较常用的是：2H型0.25mm，H型0.5mm，HB型0.7mm和B型1mm。

每种直径的自动铅笔都可以替换不同硬度的笔芯。

根据铅笔粗细的不同还有不同型号的卷笔刀。一些卷笔刀可以把铅笔芯削得很细，以便勾勒出精准的线条。

彩色铅笔

彩色铅笔是用色素混合蜡质接着剂制成的，随时随地都可以使用，非常方便。它们与石墨铅笔的使用方法相同，尽管不如石墨铅笔那么顺滑，上色效果却更光滑、更温润。它是绘制小幅作品的理想工具，因此常用于珠宝设计。彩色铅笔的价格根据外观、品牌和质量而有所不同。反过来，铅笔的质量取决于生产所使用的色素的质量和用量。高品质的铅笔覆盖力更强。通过改变运笔的力道，可以得到浓淡适宜的色调。不同的颜色还可以混合使用，通过交错的排线调和颜色，或轻擦出色调层次，上层的颜色是主导色。水溶铅笔可溶于水。还有色粉，它们可以逐步调出色调层次，在深色纸张上的覆盖效果很好，对珠宝设计来说裨益众多，但是它不适合小幅设计图，因为难以表现细节。彩色铅笔的理想载体是纸张。

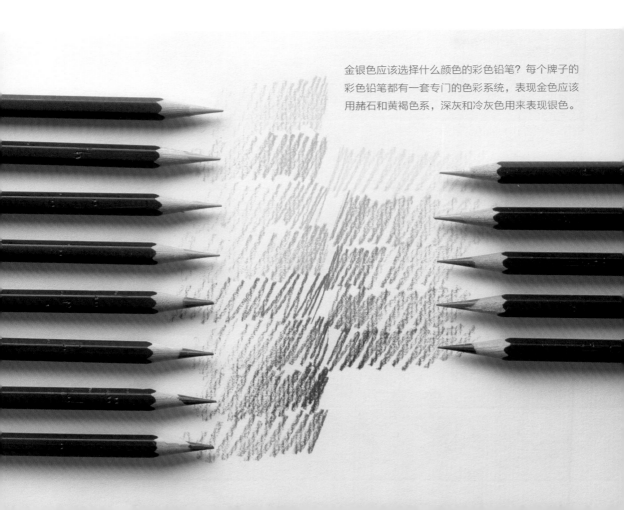

金银色应该选择什么颜色的彩色铅笔？每个牌子的彩色铅笔都有一套专门的色彩系统，表现金色应该用赭石和黄褐色系，深灰和冷灰色用来表现银色。

铅笔画出的是线条，而我们可以通过排线或侧峰画出色块。排线是将各种线条，按照一定的密度排列在一起。而第二种方法是用铅笔侧峰轻轻涂抹即可。

有一些品牌会推出灰色系的铅笔套装，如上图，里面包含不同深浅和色调的灰色铅笔。它对于表现银色时十分有用。

色粉或蜡笔需要特殊的卷笔刀，这种卷笔刀的切口更开阔一点，这样笔尖比较不容易折断。

彩色自动铅笔适合表现工程图纸。它们画出的色彩与材料的真实色泽有差别，但却可以使一张设计草图有不同层次的解读，因为我们可以将每一种类型的元素（如轴线、背景、比例等）用不同的色彩来表示。

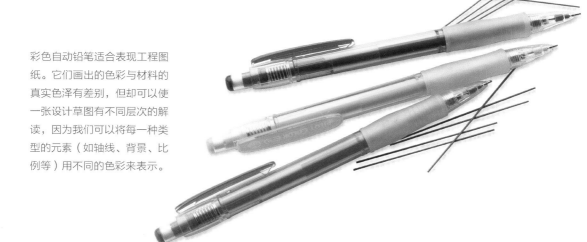

毡尖马克笔

最开始，毡尖马克笔是用毛毡头或尖制成的，现在则普遍使用聚酯纤维材质。笔尖内有导墨孔隙上墨。笔管内有储墨器，一团毡质纤维浸泡于墨水中，与笔头相连，通过毛细渗透使墨水流向笔尖。

毡尖马克笔的笔尖粗细不等。细的适合书写和勾线，粗的适合铺陈阴影和块面，色彩丰富。一般来说，在绘制大面积色彩时要避免颜色混合，因为它们不仅极易染色，染色后还会变得浑浊不堪。这种媒介能快速表现线条和色块，且干燥得很快，这说明色彩可以叠加或并列。最终效果视墨水性质而有所不同：水性马克笔的遮盖力很好，而酒精性马克笔更透亮，推荐使用光滑的吸水性强的白纸，以利于毡尖马克笔发挥其优秀的光泽度和墨色的均匀度。

还有特殊笔尖的毡尖马克笔，可用于绘制几何形状。

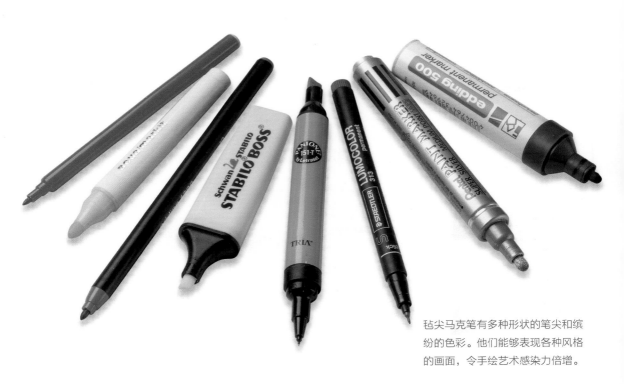

毡尖马克笔有多种形状的笔尖和缤纷的色彩。他们能够表现各种风格的画面，令手绘艺术感染力倍增。

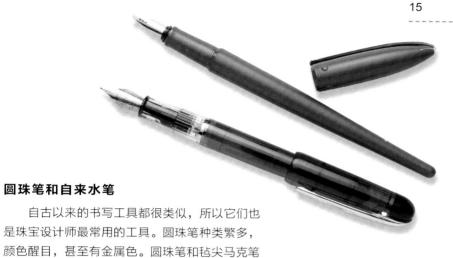

用毡尖马克笔或圆珠笔绘制的画面由线条和排线构成，它们不适合表现渐变或羽化效果。平行的影线非常密集。改变线条之间的距离或将影线交叉，可以改变阴影的浓淡。

圆珠笔和自来水笔

自古以来的书写工具都很类似，所以它们也是珠宝设计师最常用的工具。圆珠笔种类繁多，颜色醒目，甚至有金属色。圆珠笔和毡尖马克笔不同，它是滚动型的，尖端的小圆珠会将油墨带到纸上。自来水笔笔触多变，是绘制憾人画面的完美工具。

有些自来水笔的笔尖很粗，可以通过变换笔峰产生丰富的线条变化。有黑色、红色、绿色，以及其他各种蓝色或深棕色的色调，可以逐一尝试效果。

特殊颜色的圆珠笔。这些色彩非常醒目。

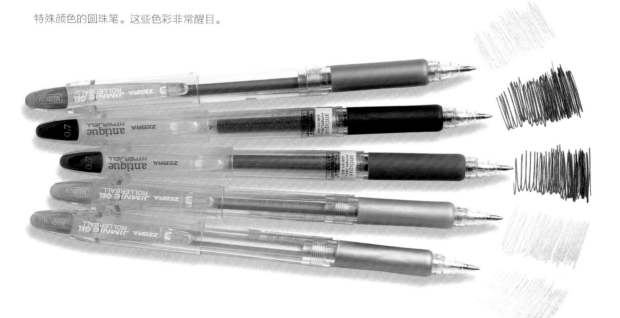

彩墨

  彩墨有水溶性和非水溶性两类。非水溶性的墨水含漆，较黏稠，干燥后表面有光泽。水溶性墨水不含漆，常用钢笔尖、羽毛笔或笔刷蘸取绘制线条和排线。这种墨水会被纸张吸收，因此干燥后表面无光泽。虽然墨水的颜色繁多，但最常用的还是黑色。

  彩墨可以被普通水或蒸馏水稀释。它们与其他媒介混合使用的效果也非常好。比如，将彩墨或派克墨水（自来水笔）与漂白剂混合能产生独特的氧化效果。

  墨水可以用来融合细线与色块。

  下笔动作要快速、直接，让媒介的自发性得到充分发挥。

  圆刷头含水性更强，通常是用貂毛制成或合成的。为了取得表现性的效果，可以配合使用不同宽窄的笔尖，绘制出粗细不等的线条。羽毛笔是比较基础的和有手工感的工具，可以绘制出变化丰富和有表现力的线条。适合使用耐用光滑有光泽的纸张作为载体。如果选择水彩纸，则建议纸面不要太粗糙，否则不利于表现珠宝的细腻质感。

笔刷应该柔软又不能过软，毛发纤维要有韧性。混合笔刷比较合适，但是它们不能蘸取漂白剂实现漂白效果。塑料护套是为了在运输过程中保护刷头的。笔刷也不能浸泡在水中过长时间，否则刷毛会变形。使用水和肥皂来清洁。

调配三原色（青蓝、柠黄和品红）可以得到金色和银色。由于墨水透明度较高，因此可以通过叠加色彩使得颜色变深，或用水稀释来使颜色变浅。

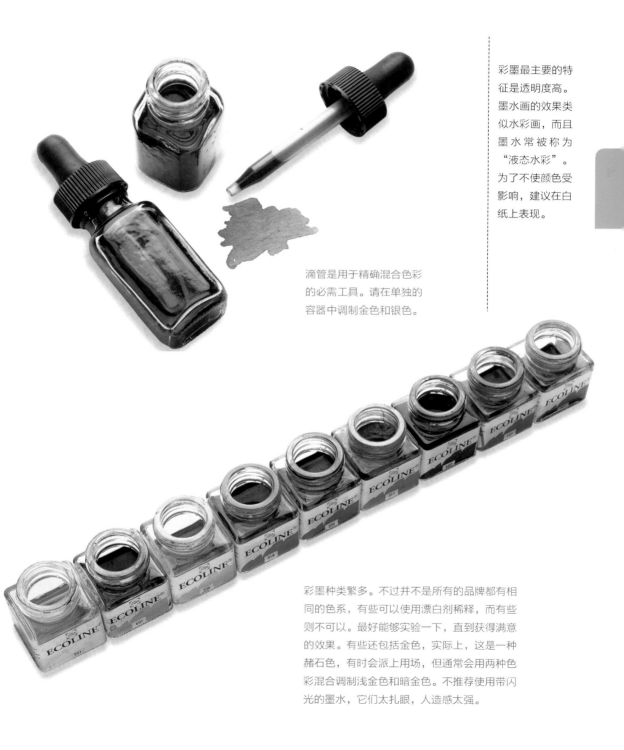

彩墨最主要的特征是透明度高。墨水画的效果类似水彩画，而且墨水常被称为"液态水彩"。为了不使颜色受影响，建议在白纸上表现。

滴管是用于精确混合色彩的必需工具。请在单独的容器中调制金色和银色。

彩墨种类繁多。不过并不是所有的品牌都有相同的色系，有些可以使用漂白剂稀释，而有些则不可以。最好能够实验一下，直到获得满意的效果。有些还包括金色，实际上，这是一种赭石色，有时会派上用场，但通常会用两种色彩混合调制浅金色和暗金色。不推荐使用带闪光的墨水，它们太扎眼，人造感太强。

水粉

　　水粉与彩墨或水彩的本质区别是不透明性，它含有白色（钛或锌成分），加入的填料可以使其质地、色度均匀。瓶装和管装都有，价格大众化，颜色丰富。在厚重的颜料里直接加入白色颜料来降低饱和度，而不是水。颜料干燥得很快，干燥后的色调会变暗。由于其覆盖力强，因此自由度很高，还可以做修改，不过如果对画面精度要求很高，就尽量不做修改。水粉与水彩使用的笔刷相同。理想的介质是纸，不过水粉纸不需要像水彩纸那样吸水力强。

通过将三原色等比混合得到的银色很暗，几乎是灰黑色的。因此，没必要购买黑色水粉，用此法混合即可。

水粉也有三原色（青蓝、柠黄和品红）可以表现金银色，如本书中第四章所述。盛放水粉的容器要注意密封好，防止颜料干涸。

水粉颜料黏稠度很高，但它可以被稀释，从而获得与水彩和彩墨相似的质感，不过其遮盖力依然很强。黏性与水分的结合是这种媒介最具表现力的因素之一。如厚薄适中，既不黏稠也不稀薄，类似奶油，在干燥之前会非常顺滑且遮盖力强。

水粉的优势在于超强的覆盖力，可以在黑色或彩纸上绘制。其缺点是柔和色调的表现力不够好，因此限制了它对金属的表现力。

通过加入白色来使银色变浅，而不是水。淡金色可以混合深金色来加深或混合白色来减淡。深金色混合浅金色减淡，加深的话可以加入银色。

纸张类型：
恰当地支持每种媒介

纸是由植物纤维制成的。不使用黏合剂，而是利用水结合在一起，这样可以避免性能受影响。纤维或纤维素来自植物或回收品（布或废纸）。最优质的纤维来自棉花或植物，如大麻、亚麻，质量稍逊的纤维是来自桉树、桦树或松树（牛皮纸）。这些纤维较容易随时间推移而受损。大多数用于艺术创作的纸张都含有棉纤维，有时它们与质量差的纤维混合会更耐用。市场上有适用于湿画法和干画法的种类丰富的纸张，从其名称就可以区分开来：安格尔（Ingres）、康颂（Canson）、托雷翁（Torreón）、巴西克（Basik）、阿诗（Arches）等。

1. 康颂纸：质地轻盈的高品质纸。在售的有两种尺寸的活页或册页形式，颜色丰富。水粉或色粉笔可以在深色纸上绘制珠宝，高光也能够在彩色背景上表现。墨水和普通彩色铅笔可用于浅色纸张。无论何时，最好都选择哑光纸来表现珠宝，因为纹理会影响表现效果。

2. 潘通纸：颜色丰富的平价哑光纸。是使用彩铅绘制抛光首饰的理想介质，其表面没有纹理，画面更细腻。这种纸通常比较薄，所以要避免受潮，否则会变皱。

3. 手工纸：表面粗糙且边缘毛糙。它的吸水性很强，这是由原料配比决定的。有些含有花草的天然纤维或者回收废物。

4．水彩纸：可单张购买，也可装订成册售卖，较厚且颗粒感强、吸水性强。纹理细致的纸张有非常明亮的光泽，而颗粒感强的吸水性好。然而，这都不适合绘制珠宝首饰，因为底纹的纹理会影响珠宝的质感。

5．安格尔纸：在售的有两种尺寸的活页或册页形式，颜色多样。逆光下可以看到这种纸张的表面纹理，被称为"直纹纸"，是运用干画法绘制哑光珠宝的理想介质，可以产生曼妙的色彩渐变。不过因为太薄，不适合湿画法。

6．素描纸：白色纸张，根据品牌的不同而有不同的名称（贝斯克、盖勒、通用等）。有两种规格的活页或册页形式，很适合水粉画。一般来说，这类纸的克重多样，干湿法都可使用。

7．横格纸：这种纸张为绘图提供了精准的比例参考。它很适合素描，如不希望最终效果图上有格纹，则可以在绘制完成后，把素描图描摹到另一张白纸上。

8．植物纸：根据用途和厚度的不同，这种纸有不同程度的透明度。类似的纸张还有蚕丝纸和羊皮纸。我们可以在这些纸上直接使用圆珠笔、铅笔或马克笔。常作为描图纸使用。

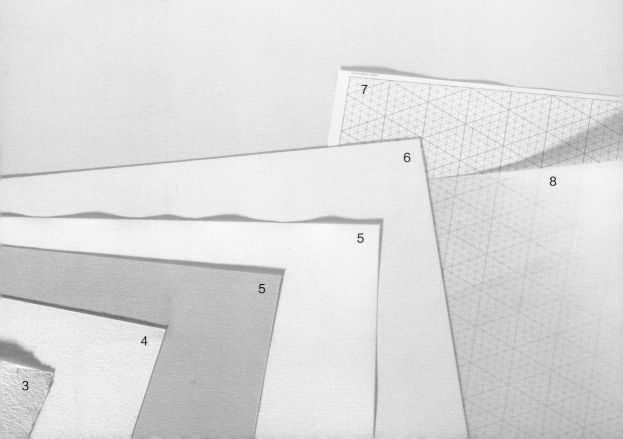

3

辅助工具

　　并不是所有的图纸都要手工一笔一画地完成，也可以借助一些工具使设计图或素描更精确。最常用的工具是圆规、尺子、模板和坐标纸。设计师应该用圆规画圆弧和圆周线。最好选择有中央螺母的，可以调节半径和固定，从而有效避免失误。毫米刻度尺和量角器也是必不可少的。最常用的模板是椭圆模板和特殊曲线模板。

　　坐标纸是另一种有助于绘图比例和精度的工具，有两种类型的：毫米坐标纸和等距坐标纸。毫米坐标纸适合散点透视图，而等距坐标纸适合两点透视图。我们将在下面的内容中阐释这两种类型。

精确圆规：绘制曲线、圆形和切线的理想工具。

塑料等角椭圆模板：便于快速绘制具有相同投影角度的主轴长度不同的椭圆。它是最常用的模板之一。

塑料椭圆模板：便于快速绘制不同角度的大小各异的椭圆。此示例为一个直径模板。

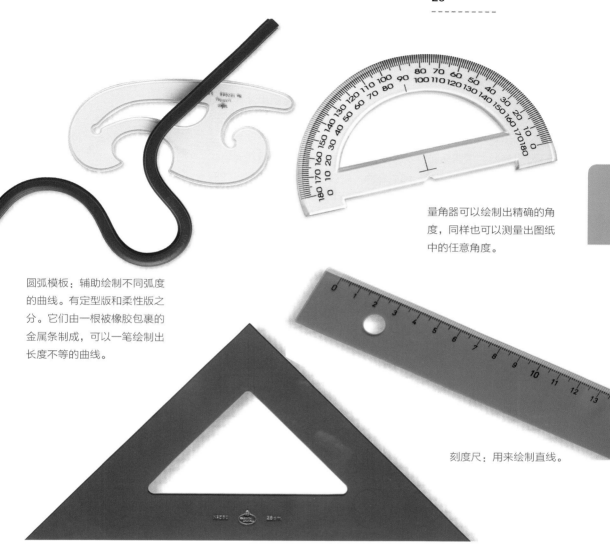

量角器可以绘制出精确的角度，同样也可以测量出图纸中的任意角度。

圆弧模板：辅助绘制不同弧度的曲线。有定型版和柔性版之分。它们由一根被橡胶包裹的金属条制成，可以一笔绘制出长度不等的曲线。

刻度尺：用来绘制直线。

等腰直角三角尺：用于绘制平行线和垂线，由90度、45度和45度的角构成。连同由90度、30度和60度构成的三角尺，是最常用的组合。

坐标纸：带有毫米方格的纸张，可以按照比例精确地绘制平行线。

从构思
到草图

我们画出我们想要的东西。除了已经画出来的以外的所有东西。

—— 摘自安吉尔·费兰特写给一位女教师的信

草图：

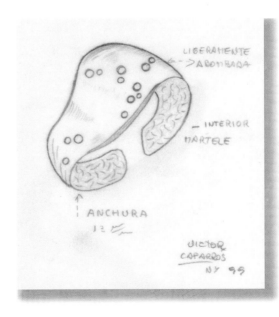

维克托·卡帕罗斯
铅笔绘制于描图纸上，1999

功能与应用

　　草图具有两种功能。首先，草图是珠宝设计师实现自己想法的媒介之一。通过这种方式，设计师可以将设计的形状和轮廓可视化，同时研究和解决制作的细节问题。在与客户的初期会面中，草图也很有帮助的：它能及时迅速地随时绘制和修改。另外，可以利用它将一系列的设计放置在一起进行对比。

　　草图的质量取决于两个方面：画面精度和表现力。本章将重点介绍第一个方面。而第二个方面将在最后一章中阐述。

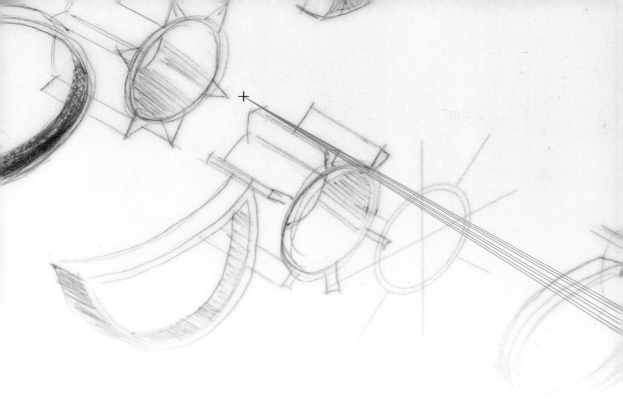

草图的图形语言

草图是按照透视法绘制的线稿图。

文艺复兴时期的许多艺术家和理论家都对几何学非常感兴趣，他们建立了一套绘图的规范体系，用于表现物体的体积感和空间感。透视法可以真实再现空间，并将物体表现得非常逼真。

视觉和透视

双焦视觉使得我们能够捕捉空间的纵深感，而且它在某种程度上是由我们的位置，换句话说，是由视点决定的。

找一个距离近的有平行边的小物体（记事本、盒子等）。你看到的物体轮廓应该是平行线，这是由于观察距离近，而发生尺寸缩减的原因。现在再看另一个更大的，与之前物体形状相似的物体（桌子、书架等），即使侧边是平行的，换个角度你依然可以看到它们，而且靠近你的部分会比远处的大。这就是焦点透视导致的现象，它适用于物体与观察者为中等或远距离的情况。

在珠宝设计图中不常使用焦点透视法，因为其灭点会使画面失真进而导致尺寸误差。而平行透视法没有消失点，它更接近工程图而不是艺术性的绘画。

透视是图纸的一部分，它是运用几何图形的规则在平面上（纸张、画布等）呈现视觉上的纵深感。焦点透视是线性表现系统，其纵深线延伸汇聚于视平线上的消失点。平行透视是一种基于平行于三个坐标轴的线性表现系统。

本章通过应用最常用的平行透视系统，包括散点透视、两点透视和俯视透视，展示了一种绘制珠宝的实用方法。使用哪种系统取决于物品的形态和需要的视角。

这些都是珠宝商和设计师个人经验的总结，其目的只有一个，就是帮助读者找到个人的视觉语言表达方式。

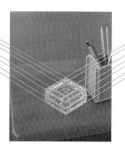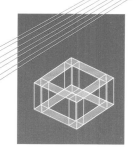

从小物品上很难看懂透视原理。基于这一情况，我们可以简化一些绘图规则，并且运用平行透视法来绘制珠宝。

大物品可以很明显地看出透视中典型的灭点汇聚相交于视平线上的视觉变形。

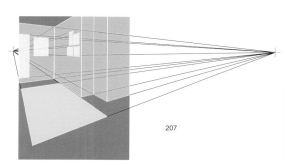

207

高度、宽度和深度

请看这本书的形状，你能够看到三种不同的维度：高度、宽度和深度。尽管这三种维度很常见，但这对于设计物体而言是非常重要的，一个维度的变化就会导致物体比例产生变化，使物体变形，而三个维度同时变化会改变物体的规模，会影响人们对物体尺寸的感知。

宽度、深度和高度三个维度分别与X、Y、Z轴平行。

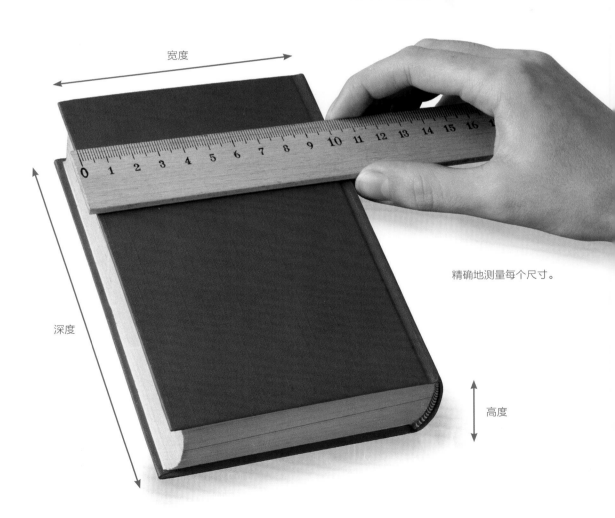

精确地测量每个尺寸。

实物图

A

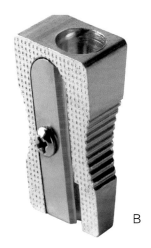

B

C

比例是整体的不同部分之间的关系，也就是说，改变其中一个部分会导致其他部分发生变化。比例是一个物体的真实维度和图纸维度之间的数学关系。

上下两张照片中，一张是真实的，另一张是被修改过的。哪幅是真实的？图像中的哪一个部分被修改了？在这个例子中都是日常用品，所以真假很容易区分。下面的图像是被修改过的，其中，卷笔刀的三个维度同时发生了改变，导致物体的实际尺寸发生改变，专业用语称之为比例的变化。

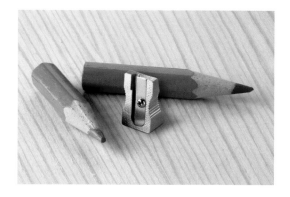

注意观察左侧的四张图片，它们是同一件物体，只不过比例有所不同。在第二张中发生变化的是宽度（A），第三张中变化的是高度（B），最后一张变化的是深度（C）。

从初步轮廓到最终图纸

一幅详尽的草图无一例外地始于初步轮廓。在绘图初期，应该用轻柔的示意线精准绘制。为此，建议使用圆规、直尺或模板之类的辅助工具。一旦确定了结构，就可以绘制决定最终外观的透视图了。在最后阶段，建议使用更富有表现力的手绘笔触，以避免产生过度的几何感和不亲切感。有时，底稿线条会影响图纸的最终效果，如果将其擦除又很难避免要破坏画面。那么可以这样做，在画稿的背面用笔大面积涂抹，画稿正面的笔迹就会印在另一张纸上，或者用不同的颜色的笔绘制底稿。

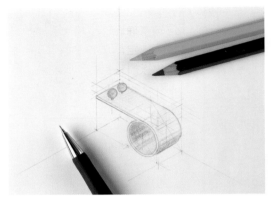

可以用一支更加柔软的铅笔或其他可以区分原始线条笔迹的工具，来重新绘制最终轮廓线。上图中的起始线条是用硬铅笔（2H）绘制的，然后用彩色铅笔重新勾画了最终轮廓。戒指的设计师为纳里亚·卡内。

避免最终画面被底稿线条影响的另一个办法是使用透光描图桌誊移画面。

下图是罗瑟·帕劳设计的一组戒指草图，绘制于坐标纸上。

辅助工具和特殊模板

最常用的辅助工具是圆规、坐标纸和塑料模板，模板在绘制戒指或手镯的圆形和椭圆时非常有用，可以精确地放置对称轴或结构轴来规定首饰的比例。坐标纸和模板的种类繁多，最常用的几种是：等距坐标纸、毫米坐标纸和圆形及椭圆模板。

然而，为了适应特定的需求，自制模板也很有必要。在光滑的厚纸板上用精细的线条绘制模板。建议制作两种不同尺寸的椭圆模板：一个用于戒指，一个用于手镯。事实上，设计的每款戒指和手镯的尺寸也都不相同，但是为了简化，所有的草图都可以基于相同的尺寸，之后在旁边标注出实际尺寸和直径即可。

上图是罗瑟·帕劳绘制的戒指草图，是使用等距模板辅助绘制的。

A
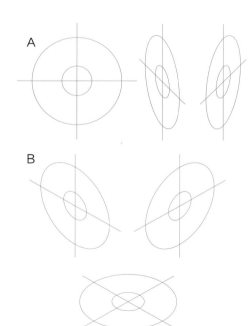

B

洛伊丝·维拉里诺借助等角椭圆模板绘制的草图。

在散点透视（A）和两点透视（B）下的纸模尺寸缩减的示例。掌握了方法就可以使用相同的模板绘制出不同的比例。最常见的是用于绘制手链、手镯（直径60毫米）和戒指（直径20毫米）的模板。在本书第48页和59页中详细地阐释了椭圆的透视图。

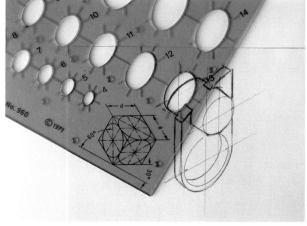

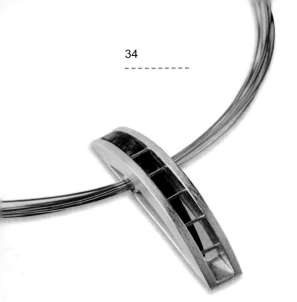

正视图:

玛利亚·何塞普·福卡德利,首饰的细节,石墨铅笔,2003

胸针、耳环和项链

珠宝首饰大多细小精巧，有着很复杂的形式和结构元素，因此在绘制时需要非常细致和耐心。为了全面展现各种绘图方法，书中选录了不同形状和体积的珠宝设计图纸。

本章分为三部分，分别对应三种不同的珠宝类型：浮雕结构（胸针、吊坠和链子）、圆柱形结构（戒指、手镯和链子）和标准化模件结构（链结）。每种设计的详细描述旨在解释绘制的细节，并帮助完成图纸。

落实构思：
创建形状

　　在动笔之前，应该先构思好首饰的轮廓、浮饰、纹理和颜色。这是一个想法，一个旁人无法看到的心理形象。

　　为了把这个心理形象变成现实，首先要表现在图纸上。循序渐进地按照平行透视的规则将设计师的想法落实到纸面上。尽管开始会有些复杂，但最终效果还是很直观的。而起初看来有局限的透视法也变得很有用了。

绘图之前，请先想象正视图中的物体。

第一步，以散点透视法绘制草图

　　鉴于设计不是基于真实的模型，不能临摹或凭记忆作图，而是来自一个想法或创造性构思，所以自始至终必须遵循一系列步骤。第一步是想象如果从最简单的角度——正前方看这件珠宝，它会是什么样子。这个轮廓便是珠宝的基本形态。

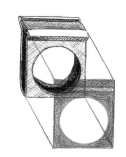

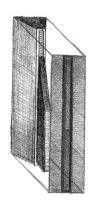

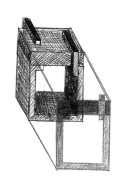

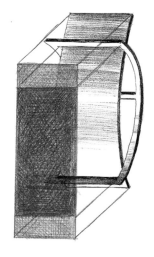

在本章里将用蓝色绘制草图，以提示图纸是如何开始的，并且将初始轮廓面的表现与最终的首饰形态区分开来。

以散点透视法绘制正视图

　　画出首饰的初始轮廓后，接着是表现体积感。这时就需要运用一点透视的规则了。一点透视的种类很多，我们必须根据首饰的正面特征来选择使用不同的类型。在接下来的几页中，我们会重点关注散点透视。这种透视适合展示物体的正面。

　　表示宽度和高度的轴呈90°夹角，所以散点透视展现的是物体的正面，并且物体不会变形。而深度轴与其他两条轴线呈45°夹角，因此侧面和顶面会发生变形。

1 　　 A B

1. 第一步，先画出轮廓。在该例的正视图中能看到正方形和圆形。在每幅图中都标明高度和宽度的尺寸。如果A或B的比例发生变化，那么设计就会改变。

2 　　

2. 下一步是投射深度线。表示深度的斜线要从顶点或确定的点开始绘制，并显示深度值。

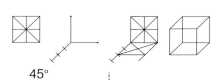

45°

3. 将点两两相连就能得到轮廓形状。用实线绘制边缘，如图中的轮廓线；如果是圆柱形或球形，因为这些形状是没有边缘的，所以要用细虚线绘制。该图可以通过两种方式来理解：实心的（A）和空心的（B），后者应该将厚度表现出来。

在散点透视中，前平面是用真实的宽度和高度来绘制的。而由于轴线呈45°角，则深度面会被缩减三分之二。这种缩减会令画面较为真实。

A

3

B

利用这些图可以绘制出不同比例的形状组合，从而创造出更为复杂的复合形状，如图所示。

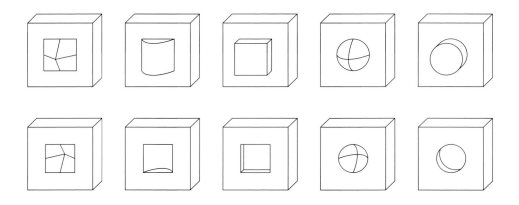

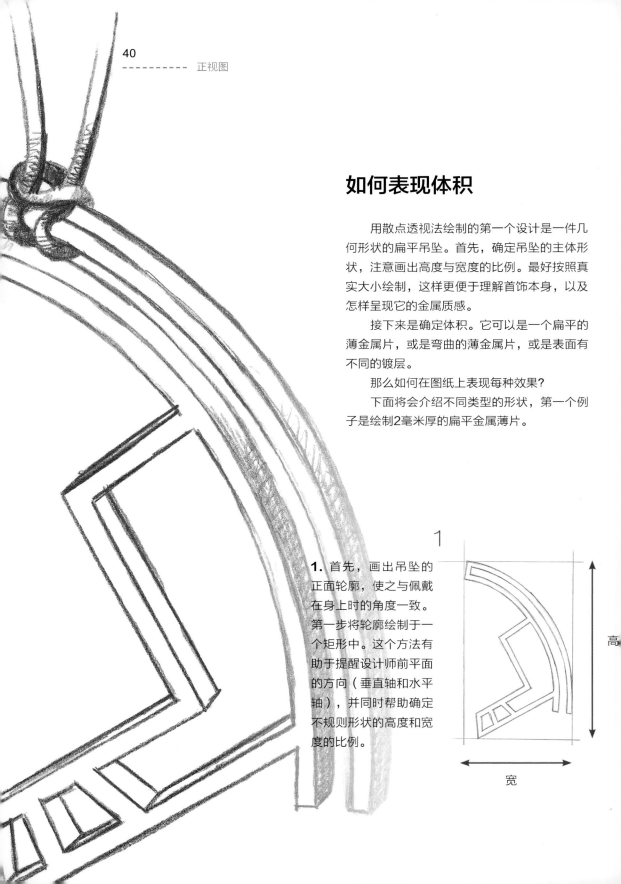

如何表现体积

用散点透视法绘制的第一个设计是一件几何形状的扁平吊坠。首先，确定吊坠的主体形状，注意画出高度与宽度的比例。最好按照真实大小绘制，这样更便于理解首饰本身，以及怎样呈现它的金属质感。

接下来是确定体积。它可以是一个扁平的薄金属片，或是弯曲的薄金属片，或是表面有不同的镀层。

那么如何在图纸上表现每种效果？

下面将会介绍不同类型的形状，第一个例子是绘制2毫米厚的扁平金属薄片。

1. 首先，画出吊坠的正面轮廓，使之与佩戴在身上时的角度一致。第一步将轮廓绘制于一个矩形中。这个方法有助于提醒设计师前平面的方向（垂直轴和水平轴），并同时帮助确定不规则形状的高度和宽度的比例。

1

高

宽

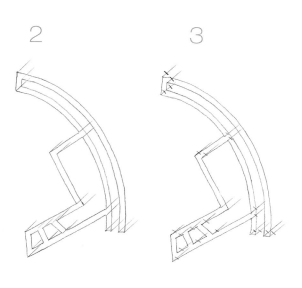

物体轮廓必须是封闭结构，它包含形状的所有基本数据，这是定义平面和真实物体的唯一方式。不完整形状（A）或者（B）都不能代表真实物体。这两个例子中的轮廓可以用不同的方式定义：只表现外部轮廓（D）或者内外轮廓都有（C），依据图纸的类型来决定。

2. 从轮廓的所有顶点出发，画出同向（大约45度）的平行线。

3. 用小线段标记出厚度。这件首饰较薄，因此没有必要应用一点透视的三分之二缩减原则。

4. 最后，把所有的标记点连接起来，并用软铅描画真实轮廓。不要用橡皮擦除底稿，这样会损害画面。用软质的或其他颜色的媒介（彩色铅笔、马克笔等）强调出外轮廓即可。

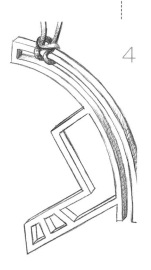

罗瑟·路易斯设计的银吊坠，1996。

表现不同厚度的面

　　这是一枚胸针，它由两片厚度不同的钢板和一根水平嵌入的钢条构成。先画出胸针的背面轮廓，然后从后往前画出厚度，以表现立体效果。表现体积感从朝向纸张下缘绘制深度线开始。注意如何在绘制的过程中表现开孔的形状。为了模拟开孔的厚度，深度线与厚线的其余部分平行绘制，但指向纸的上边缘，因为此时，开孔是首位的，因此钢板的厚度必须从前平面向后绘制。

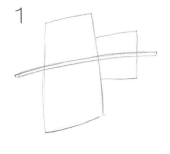

1. 首先，画出首饰的特殊轮廓。

2. 从顶点开始绘制角度线，并标记出不同的厚度。

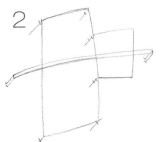

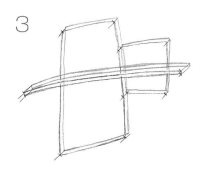

3. 闭合每个面。

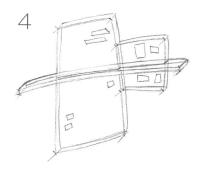

4. 体积创建完成后再
绘制前面的开孔。

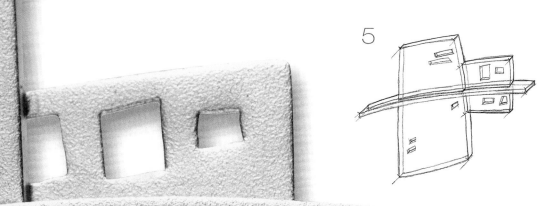

5. 用斜线表示出开孔的厚度。请
注意，这些斜线必须与步骤2中的
线条的绘制方向相反。

默斯·科马斯，银质胸针，2000。

曲面、凹面或凸面

当一块金属薄板扭曲变形时，它的轮廓就会发生变化。这件作品是由两个朝相反方向弯曲的矩形组成，一个朝前，另一个起框架支撑作用而朝后。为了便于理解，使用两张纸分别绘制，来区分这两个平面。然后，通过描摹将它们组合到一起。

请仔细观察如何绘制透视的圆弧。表现出曲线的不对称性十分重要，因为这条线决定了整个外形和有厚度平面的扭转方向。如果将曲线画成对称的，那么结果就是一个扁平的正视图形。

1. 先画出轮廓。

2. 标记出扭转点的延续和表示厚度的深度线。

3. 连接圆弧初始轮廓侧面上的点。圆弧是不对称的，它由两段组成，一段闭合，一段开放。

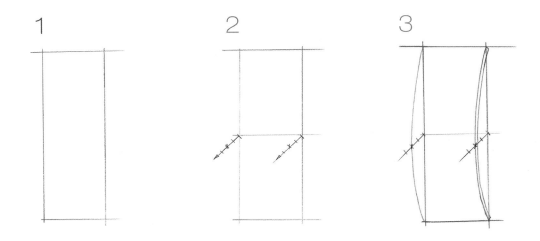

4

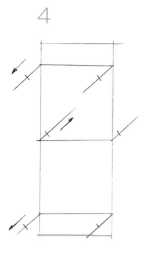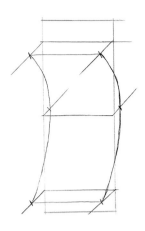

4. 在另一张纸上画出第二个轮廓，步骤参见前一张草图。

5. 把两张图纸重叠在一起，在透光描图桌上将两个部分绘制在一起。

5

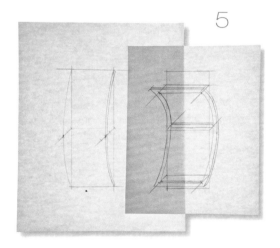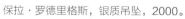

保拉·罗德里格斯，银质吊坠，2000。

6

6. 这个凹面是有纹理的，为了在图纸中表现出来，可以运用多种方法。在此例中，我们使用了硬芯（2H）和软芯（2B）的石墨铅笔。最后用橡皮擦迅速且平行地擦除出特殊效果。

圆柱形部件的绘制方法

　　本章的第一个例子是先在正视图中画出初始轮廓，然后构建体积。而下面的例子则不同，这是一枚圆柱形的耳环。这种类型的首饰由于其独特的对称结构，专业术语称之为"旋转首饰"，因此它的绘制方法也不同于以往。其别具一格的形态使我们必须从中轴和各节段下手，而非从正视图开始。

　　在开始绘制草图之前，应该先画一张正面视角的辅助图，这样有助于清楚地感知首饰的轮廓和比例。这张辅助图不是正式草图的一部分，只是补充参考。

　　先画出耳环的中心轴，它将耳环的各个部分串接起来。对于这类首饰而言，最重要的是不同部分依水平线或垂直线完美对齐串联在一起（这里是垂直对齐）。由于这张图纸中的比例细节很小，所以放大后能更好地看到圆形部分的体积和透视。

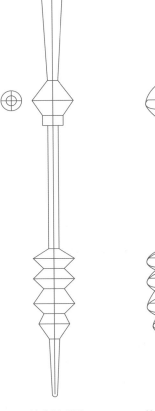

透视的圆会变成椭圆。先画一个正方形，然后在里面画一个圆。在方形中用十字线和箭头画出网格。将透视图中的圆和网格的交点投射到平面上，从而给出椭圆经过的各点。

放大辅助图　　　　放大透视图

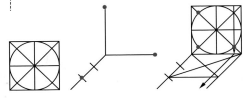

在绘制草图之前，先准备一幅耳环轮廓的辅助图。不需要表现体积，只需画出主要的轮廓和比例。这种方式可以帮助调整各部件之间的比例和距离。

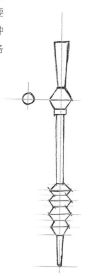

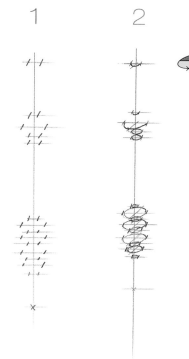

透视会让圆形变形。此时圆形如果被透视的轴线分割，就会产生两两对称的镜面效果。请注意，圆柱形的轮廓线不是椭圆的水平轴。第一幅图中的十字交叉线表示的是前景。

1. 先画出一条垂直轴来表示耳环的整体长度，同时标出每个部分的转折点。全程都要注意辅助图的比例。

2. 在轴上标记出所有的中心点，然后绘制倾斜45°的水平半径，由此根据每个部分的体积绘制出圆周。

3. 为了让耳环的轮廓更加明显，将各个部分相连，使圆周与线条和谐地融合在一起。草图完成后，不要擦掉中轴线，它对阴影绘制还有帮助。旁边的耳环是另一只，方向相反。顶端的两根小细棍应当朝向组合的中心，以便形成中心消失点。

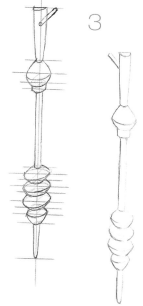

阿尔迪亚·桑塔纳，银耳环，1999。

绘制球形

    在这个例子中，组成链子的其中一个部件是由扭曲的线围成的球体。为了让草图更加具有立体感，想象出两条相互交叉的垂线（垂直轴线和水平轴线），并用细线画出。先将部件的基本形画出来，再增添细节。如此就会比较有整体感。

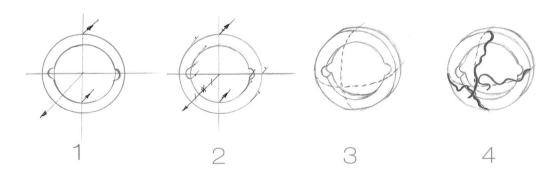

1. 首先，以正面视角画出主要轮廓。两个带箭头的斜线代表深度线的方向。

2. 在斜线上面标出表示厚度的点。

3. 为了将球体表现得更加完美，先用细虚线画出球体的两条经纬线。

4. 在两条经纬线上添加波浪线，如此，球体的立体效果便更加明显了。

5. 此例的草图中应用了不同的比例尺。
这是真实比例的链子的局部：损失了部分
细节，却提供了确切的整体概念。

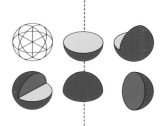

这两幅草图是真实大小的两倍，是为了
更好地展示连接方式。上面一幅表现的
是基座和两个连接点；下面一幅表现的
是镶嵌金属丝的扭曲形状。

球体的任何部分
都必须遵循垂直
轴（经纬线）的
方向。

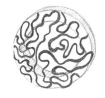

最后，为了说明连接点的细节，进一步
放大图纸，以便轻松画出细节。

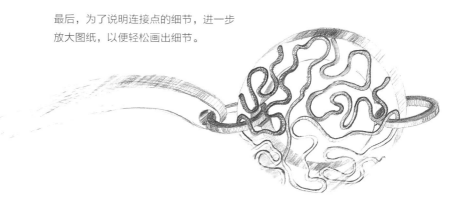

索尼娅·塞拉诺，银手链，1995。

通过改变局部来创建形状

　　许多首饰的变化是通过旋转或变形实现的。比如，一件首饰的方形部分可以变成三角形或者围绕中心旋转。想画好这类图纸并没有想象中的那么难，对每个部分的形状以及它们之间的距离有一个精确的概念就足够了。

　　下面的例子是一枚吊坠，它是通过两个部分的变形而成：第一个是将方形截面变成矩形，另一个是中部旋转90°。

　　绘图步骤参见第48页和49页所述。绘制不同部分的透视图后，将顶点相连，就得到了吊坠的外轮廓。为了不混淆顺序，可以给顶点编号。

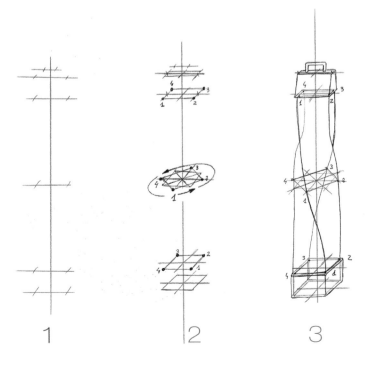

1. 画出垂直的中轴线，并标记出每个部分的尺度。

2. 在水平面上画出每个截面，并将这些平面对准轴上的标记。

3. 选取一个顶点开始按顺序连接不同的平面。同时，确定固定的和发生旋转的位置（用数字在草图上标出来）。

1　　　　2　　　　3

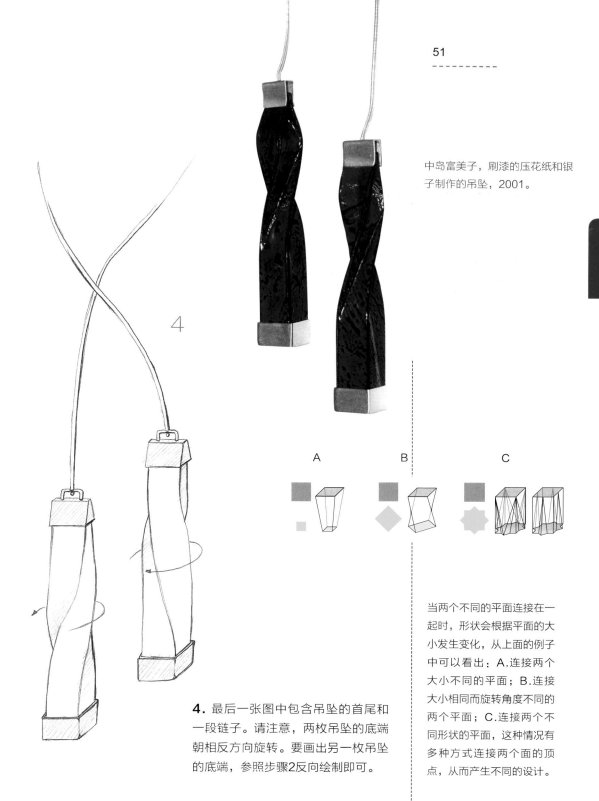

中岛富美子，刷漆的压花纸和银子制作的吊坠，2001。

A   B   C

4. 最后一张图中包含吊坠的首尾和一段链子。请注意，两枚吊坠的底端朝相反方向旋转。要画出另一枚吊坠的底端，参照步骤2反向绘制即可。

当两个不同的平面连接在一起时，形状会根据平面的大小发生变化，从上面的例子中可以看出：A.连接两个大小不同的平面；B.连接大小相同而旋转角度不同的两个平面；C.连接两个不同形状的平面，这种情况有多种方式连接两个面的顶点，从而产生不同的设计。

表现斜面和隐藏的细节

　　要绘制具有斜面的首饰图，需要先了解其内部结构。绝对不能从斜面开始，因为无法找到可靠的参照物。为了准确地画出形状，先要找到能承载整体体量的平面。在这个例子中，满足条件的是背面。这样，首饰的宽度和高度就确定了。

纽丽·萨洛尼，银质黑檀耳环，1997。

1　2　3　4　5

1. 这件作品由两种材料构成：金属底座和中间的黑檀部分。首先，画出底座的背面矩形，确定好首饰的宽度和高度。

2. 从矩形底部的中心向前绘制一条线，并标记出厚度。同样地，在矩形的顶部也画出这些线。

3. 标出宽度，将标记连接起来得到外轮廓。由于

黑檀是嵌在底座中的，所以需要在前平面上绘制出黑檀的厚度。

4. 接下来，画出黑檀底部的形状，并标记出黑檀平面发生变化的地方。

5. 将各个平面连接起来，标记出焊接小细棍的部位。为了区分不同的材质，将黑檀部分着色。

表现隐藏细节

　　这个例子还解释了怎样表现隐藏的细节，它们有助于对整体形状的理解。有多种绘图方式可以使用，比如，不同角度绘制相同部件，使隐藏的细节处于前景中；将对象绘制为透明的；或者使用爆炸视图。这三种方法都是不错的选择，但是第三种更为可取，因为它可以借助已经画好的图纸来实现。第二种方法不太常用，它会令图纸非常复杂，大多数的珠宝首饰都是空心的，画成透明后，需要考虑厚度的问题。

　　爆炸视图是一种图纸的类型，画面中的所有组件分散开来。这种视图是用来解释一些珠宝的运作机制，比如隐藏的卡扣、接头和其他构造细节。在接下来的章节中会专门介绍这种类型，并展示爆炸视图的多种用途（适用于安装示意和说明扣合机制）。

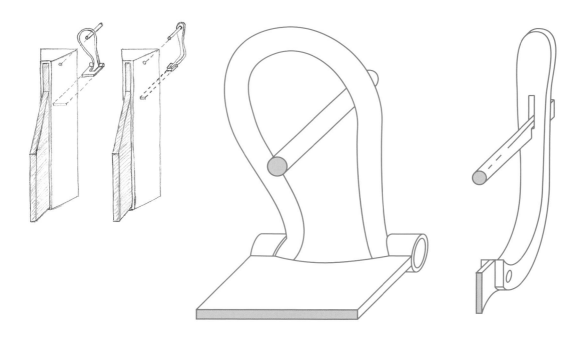

在这个爆炸视图中，同样的吊坠搭配不同的卡扣：Ω式和环闭式。首先，找到耳环背面的卡扣焊接点，然后将平行的卡扣图形移动到透视的轴线上。不可见的部分请用虚线绘制。

要了解每种卡扣的形态，请观察这些计算机绘制的图像，学习如何简化地表现卡扣的细小结构。

放大细节

太小的细节绘制起来十分困难。最好的办法是对实物大小进行全面的观察，略去不必要的细节，并附上精准的细节放大图。另外，补充的文字说明也非常有用，它应包括材质的信息、厚度等等。

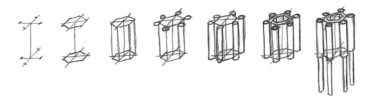

这幅图纸说明草图有很多不同的画法。绘制项链的一个六方柱组件，先画出对称轴，然后是两个底面。

   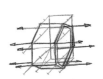

另外，还可以从中心点绘制六方柱；首先找到从六方柱的矩形截面投射出的平面，然后表现出体积感。

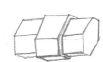 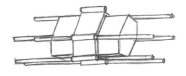

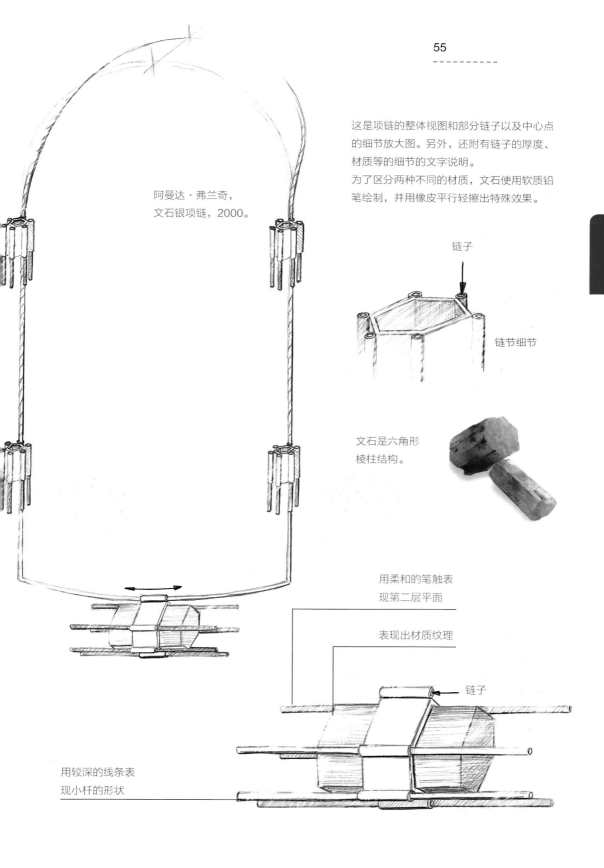

这是项链的整体视图和部分链子以及中心点的细节放大图。另外，还附有链子的厚度、材质等的细节的文字说明。

为了区分两种不同的材质，文石使用软质铅笔绘制，并用橡皮平行轻擦出特殊效果。

阿曼达·弗兰奇，
文石银项链，2000。

链子

链节细节

文石是六角形
棱柱结构。

用柔和的笔触表
现第二层平面

表现出材质纹理

链子

用较深的线条表
现小杆的形状

两点透视

比较下面两张照片的不同。就模型的展示面来说，观看的位置是不同的。在左侧的照片（A）中，物体是正面呈现，没有变形，看不到顶面和侧面。而第二张照片（C）是同一件首饰的整体视图，三面可视。图片（B）使用的是散点透视法。

为了运用这种新视图（D）来呈现物体，除了改变宽度轴和深度轴的方向之外，我们使用了在散点透视图中使用的相同的绘图手法。取景方式主要取决于物体的形态。这两种视图都能很好地表现通过改变一个局部而产生的新的首饰，如第52页和第53页的案例所示。

然而，正如在其他例子中所看到的，散点透视常用于以中心点为特征的首饰，因为它能够突出正面而不会有任何扭曲变形。另一方面，对于没有明显特征的首饰，最好使用整体视图，这一技巧将会在下节中介绍，即"两点透视"。

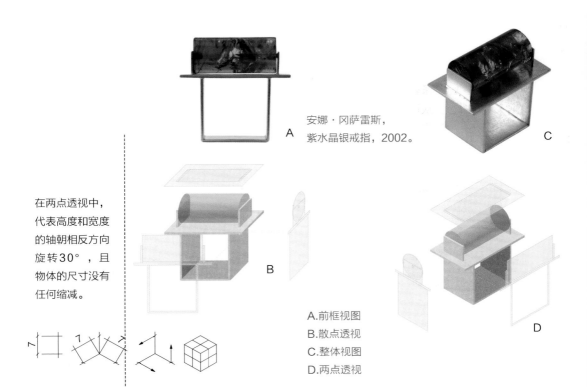

安娜·冈萨雷斯，
紫水晶银戒指，2002。

在两点透视中，代表高度和宽度的轴朝相反方向旋转30°，且物体的尺寸没有任何缩减。

A.前框视图
B.散点透视
C.整体视图
D.两点透视

安娜·维拉，方纳石银项链，1999。

这个例子展示了从两个角度观察同一件首饰的不同之处：散点透视和两点透视。在这两种情况下，吊坠的构造都始于一个矩形。在散点透视下，原先的矩形并未发生任何改变；而在两点透视下，首饰发生了倾斜。

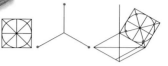 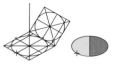

与散点透视相同，两点透视下的圆形也会变成椭圆形。该椭圆的绘制方法与第49页里提到的在散点透视中的是一样的，不过本例中的镜像对称是在纵轴上产生的。在这幅图中，十字交叉线表示前景。

1

吊坠的正视图：
散点透视

1. 绘制初始轮廓（矩形），并标记宽度；然后，在深度线上标记刻度。

2. 连接三个点形成圆周弧。

3. 添加水平线和细节，绘图完成。

同一件吊坠的整体视图：
两点透视

4. 从扭转初始平面开始绘制轴测图。画一条垂线，并在线上标记出高度；接着，从两端出发将厚度面相对于水平线倾斜约30°。以相同的角度画线来表示深度，但与前一点的方向相反。

5&6. 最后，与前面一样，但要考虑到透视轴的方向已经改变。

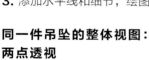

4

5

注意，在圆周轮廓上，水平轴上有两个点与圆柱形的轮廓重合。

2

3

6

俯视图：

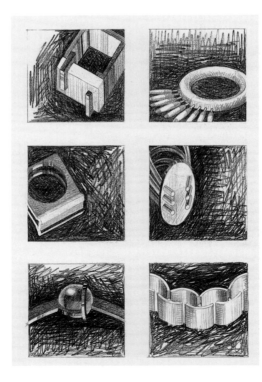

马拉·何塞普·福卡德利，首饰局部，石墨铅笔，2002

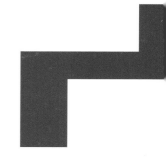

戒指和手镯

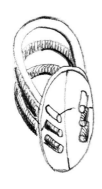

绘制戒指和手镯时，可以使用类似于绘制胸针、吊坠和耳环图纸中的正视图。然而，这种新视角并不等同于从正面看物体，而是从上到下看，就好像把物体摆在桌子上或地面上，垂直地看。图纸从前景中的物体的顶面开始，没有变形。这是一个优势，因为这样绘制的戒指或手镯的内圈面不会失真，从而大大简化了绘制的过程。这种透视系统是"伪造现实"，但却可以清晰地看到首饰的全貌。

俯视图的第一步

首先，想象一下从上面观看这件首饰的样子。大部分的图纸都是从顶面开始绘制的，如果是一枚戒指、手镯或手链，就会看到内圈，并且先要确定两个维度：深度和宽度。要绘制这件首饰的俯视图，需要先把顶面旋转任意角度，然后从顶面的顶点出发画垂直线，以表示首饰的高度。

这些起始步骤会表现在戒指草图中。根据所绘形状，表现不同的问题。第一个是平行平面，第二个是倾斜平面。这些例子开始是从俯视角度处理一些小问题，然后绘图的复杂性就增加了。

俯视视角

安娜·冈萨雷斯，
方纳石银戒指，2002。

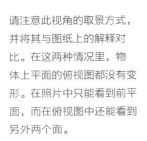

请注意此视角的取景方式，并将其与图纸上的解释对比。在这两种情况里，物体上平面的俯视图都没有变形。在照片中只能看到前平面，而在俯视图中还能看到另外两个面。

宽度

厚度

厚度

宽度

由于基底的转动，物体的视点也完全改变了。

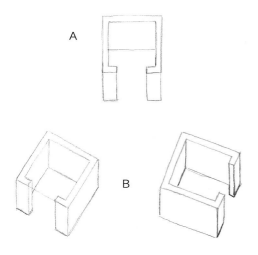

A

B

在第一幅图中（A），从俯视角度来看，我们很难理解这个形状，因为基底轮廓与垂直线条重叠了。

在另外两幅图（B）中，视角虽然相同，却旋转了角度，请注意，这些角度可以给予侧面两边更多的展示。

正交结构的戒指和平行平面图

首先在脑海中想象基底。为了不让基底的边缘被混淆或重叠，将它旋转一定的角度。转动首饰可以让需要表现的面位于前景中。无论基底如何旋转，高度线都必须是垂直的。第一个例子是一枚方形戒指的上部，用两枚夹子固定着矩形的碧玉。

马里亚纳·维韦斯，
碧玉银戒指，2002。

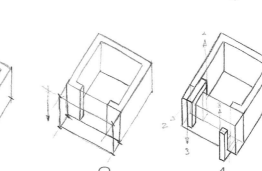

1   2   3   4

1. 首先，绘制戒指的上部。将基底旋转一定角度，避免边缘与垂直线重叠。然后，从内外顶点出发画出垂线，并标记出整体高度。

2. 连接标记，上部的轮廓完成。

3. 扩展厚度线，标记出碧玉的厚度。用之前的方法画出垂线，连接标记构成矩形。

4. 碧玉用两枚夹子固定在戒指上。先画出它们的位置点，然后在相反的方向画出垂线，这样一个夹子在上面，另一个在下面。

俯视视角下的圆形和弧线

　　大多数的戒指、手镯和手链都包含圆形结构。在平行平面上用俯视视角绘制这些图形不会发生变形。下面这两个例子就是介绍如何用相似的方法绘制圆形和弧线。

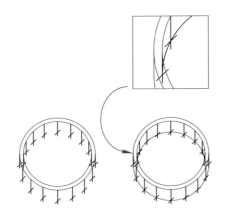 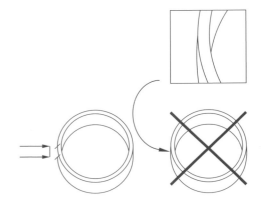

要绘制空心圆柱体，首先要画出两个同心圆，然后从圆上任意点出发向下画垂线，同时标注出相同的高度。当这些标记连接起来时，就得到了非常精确且垂直移动的圆形。建议画出端点处的线，这对于完成圆形很重要。

请注意，圆柱体的轮廓是条直线，它与曲线在视觉上是相连的。通常，当高度不明显时，错误往往产生于只画出了简单的圆弧而忽略了直线。

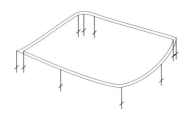 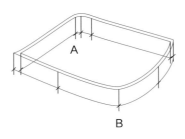

在另一个曲线草图中，按照相同的步骤，选择关键点画出垂线：弧线的连接点（弧线转向的点，A）和最大弧度的点（B）。

平行和倾斜的层叠板

这里展示的是分别用平行面和倾斜面来表现戒指的问题。这枚戒指的主体是一块折叠的银质薄板，这块薄板的末端弯曲成"V"字形，卡住一块菱锰矿石。

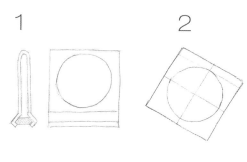

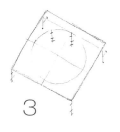

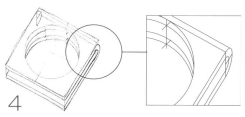

放大辅助线的细节，有助于了解薄板的转向。

1. 在绘制草图之前，建议先在纸张的一角画出戒指的正面和侧面辅助图，这样确定的比例能更准确。

2. 画出旋转后的戒指轮廓，这样轮廓就不会和垂线重合。

3. 从四个顶点开始向下画出垂线，并标记出垂线的高度。在这里，应该同时标出戒指上部的高度和薄板的厚度。然后，从后方两个垂线的中点出发画出深度线，并标出薄板弯曲弧线的半径。

4. 为了画出戒指的内圈厚度，可以从顶面圆弧的任意点出发向下作垂线；标记出薄板的厚度并把这些记号连接起来。接着，将三个标记点连起来表示薄板的折叠弧。请注意，由于是倾斜的层叠平面，所以这条圆弧是不对称的。

5&6. 卡槽和宝石的细节。宝石位于戒指的中部，向上移动垂直高度线以表示上部卡槽，向下移动以表示相对的下部卡槽。请注意，如此会扭曲四个斜面的对称性。

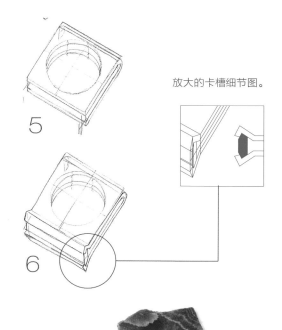

放大的卡槽细节图。

卡尔斯·贝蒙特，戒指透视图和一片菱锰矿石，2002。

顶点不对称的戒指

之前的例子选取的都是以戒指的顶面作为绘图的起点，但此法在接下来的例子中不可行，因为这件首饰的上下面是不平行的。

该例的草图始于一个水平位置的假想平面，在这件首饰的水平中心。从这个初始平面出发，向上下两个方向绘制不同长度的垂线，这样就形成了基底。

这种方法通常适用于表现高度不对称的或侧面倾斜的戒指或手镯。

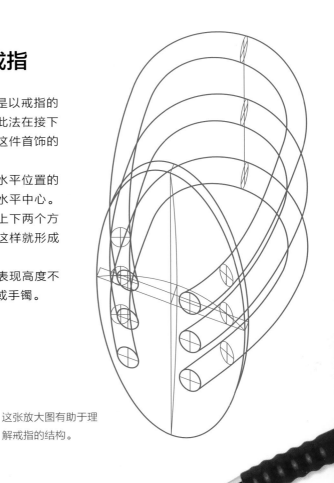

这张放大图有助于理解戒指的结构。

对比散点透视（A）和俯视透视（B）的不同之处。在散点透视中，标黄的垂直面面向正前方，而俯视透视中的标黄面则是水平的。这两种情况下的平面都不会变形。

这个戒指没有镶嵌宝石，所以画面不会太复杂。环绕的三条金属丝穿过金属片后仍有延伸，起到固定的作用。

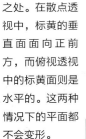
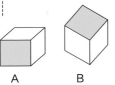

A   B

艾米莉亚·依格里西斯，黄水晶金戒指，1999。

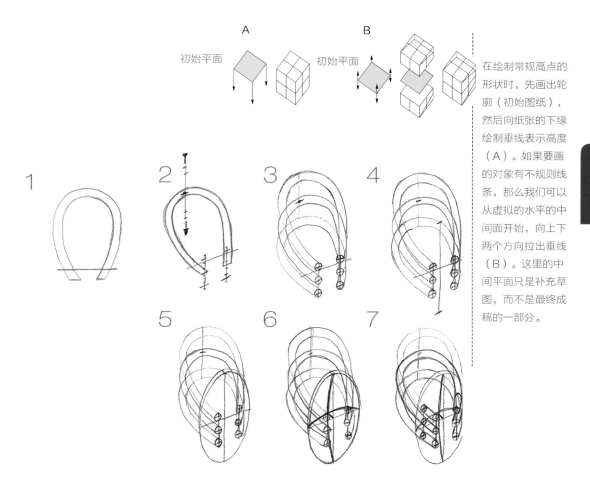

在绘制常规高点的形状时，先画出轮廓（初始图纸），然后向纸张的下缘绘制垂线表示高度（A）。如果要画的对象有不规则线条，那么我们可以从虚拟的水平的中间面开始，向上下两个方向拉出垂线（B）。这里的中间平面只是补充草图，而不是最终成稿的一部分。

1. 绘制初始平面的辅助图。

2. 根据需要调整轮廓，并想象它位于中间平面，向上下两个方向拉出长度相等的垂线，以保持戒指上部的对称。

3. 复制初始图形，连接标记，三条金属丝全部绘制完成。

4. 下一步是绘制戒指的中央部位，那里有一片椭圆形的有些弧度的金属薄板。首先，在原图上标出金属丝与金属片接合的部位，从这个点出发再画出椭圆的横轴宽度。从横轴的中心出发向上下分别画出相等的垂线，以此得到纵轴。

5. 把四个点连接起来时，椭圆就闭合了。画出深度线以表现椭圆金属片的厚度。

6. 用两条弧形辅助线表示凹面，也表示出金属片的最大维度。从两轴的交点处，用一条细线和两条弧线标出镶嵌的最大深度。

7. 最后，画出三条金属丝与椭圆金属板相交产生的截面。找到中间的金属丝与椭圆的水平轴线相交的两个点，然后画出金属丝的椭圆截面。请注意，这样会产生一个圆形的横截面，它的水平轴平行于中间薄板凹面的水平弧线。然后复制这两个椭圆到上下的两条金属丝与金属片的截面上。

俯视视角的最后一个例子是绘制一条链子，以及表现连接处的细节的方法。

第一步是画出一个圆形作为排列链节的参考，然后根据链节的数量将其等分，此例中有15个链节。

整体视角和隐藏细节

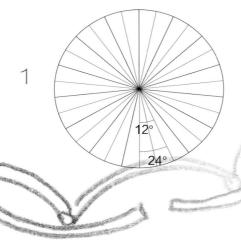

1. 画一个直径为6厘米的圆，并将其15等分（360°÷15=24°）。然后借助量角器将这个圆等分为15截，每截夹角为24°。

2. 将圆圈描摹下来，然后复制相同的链节。

3. 请将步骤2中的图形依次描摹，使其与圆形完美契合。

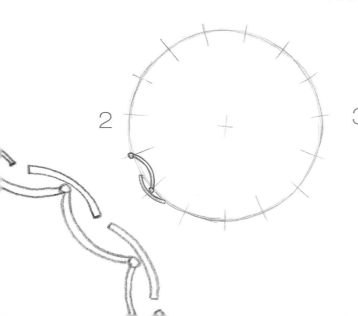

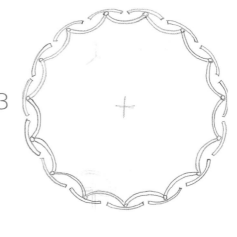

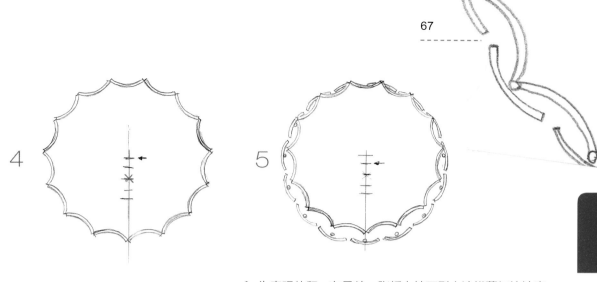

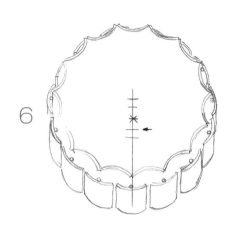

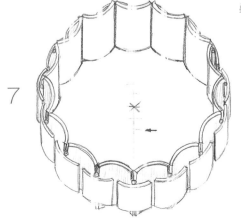

4. 为表现体积，在另外一张纸上按下列方法描摹初始轮廓的不同部分：首先，画一条垂线，在垂线上标记出不同的预设高度，在这个例子中链节的总高度是15cm，覆盖连接处的薄板为9cm。将这张纸放在有初始图形的纸上，并将中点与初始轮廓的中心重合。我们只要描摹出对应上平面的部分即可。

5. 将重合的两个标记点错开，对齐上面一个标记点（箭头所指），并描摹出对应第二个平面的图形。

6. 按照同样的步骤处理第三个标记（箭头所指）。

7. 最后，将这个标记与第四个标记重合，草图就完成了。

桑德拉·布拉斯科，银手链，1996。

为了更直观地了解隐藏的连接处，这里还补充了细节图。为了区分不可见线条和轮廓线，请使用不同硬度的铅笔绘制。

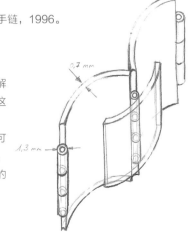

两点透视

　　戒指和手链也可以通过最接近真实的方式表现，即两点透视。就像第58页呈现的那样，这种方式可以让图纸更具真实感，但是绘制过程比较复杂，因为物体的每个面都发生了变形，因此，建议只有在对象是简单的几何图形时才使用这种方式。

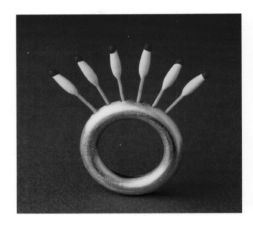

安娜·冈萨雷斯，银和纸制成的戒指，2001。

有圆形横截面的戒指结构放大图。各个点很容易混淆，所以最好用不同颜色的记号作标记，然后再进行绘制。

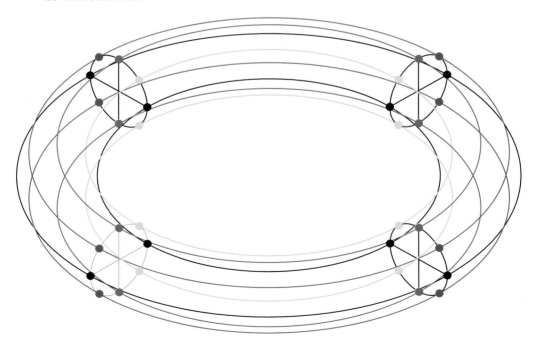

有圆形截面的戒指

这是一个表现如何绘制圆形截面的戒指的例子。因此如果需要绘制半截指环，那么只需要复制戒指的外部的中间部分即可。

如果加上必要的辅助线来解释这些部件的体积，图纸就能被大大简化或者更加直观。

本例中的框线也可以作为阴影和金属反射点的参考。此图中另一个值得注意的特征是圆柱形结构中，宽度轴和深度轴之间的中间值应以放射状绘制。

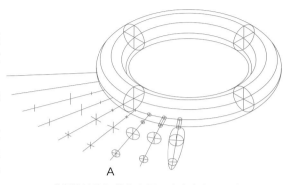

A

戒指的结构细节放大图。注意宽度和深度之间的中间值呈放射状（A）。

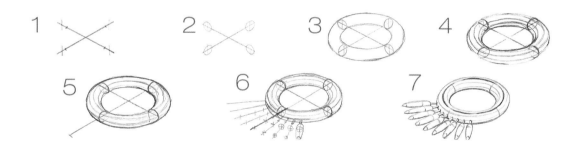

1. 画出两条等长的交叉线，呈30°夹角，在交叉线上标出戒指横截面的直径长度。然后穿过四个截面直径的中心画四条等长的垂线以表示戒指的厚度。

2. 将四组标记点连起来形成四个椭圆横截面。

3. 连接四个椭圆截面在内圈的端点，形成戒指的内圈轮廓；再连接四个椭圆截面在外圈的端点，形成外轮廓。

4. 为了方便后期画阴影，将戒圈上的顶点与低点相连，得到辅助线。

5. 中心点：先找到表示戒指前景的点。如果延长穿过此点的半径，那么这就给予了戒指的中心点以深度。

6&7. 现在所有部件的线条都已画好；这一步是用蓝色画出穿过轴线与戒指外圈的交点的圆弧，在这弧线的中心点两侧分配等距等量的小部件。

从这些点出发画径向分布的线，并在线上标记出各个小柱上各部分的长度，画出截面。从左到右依次绘制。

球体的轮廓是一个圆圈，在这个例子中线条丰富了它的形状，所以它不只是一个扁平的轮廓。

球体的体积感是通过椭圆结构或者立体的明暗关系传达出来的。

表现球体

半径为6

要绘制球体的透视图，可以从三个椭圆入手，它们两两居中垂直相交。首先绘制一个水平的椭圆，然后居中画出两个相互垂直的椭圆。最后，连接三个椭圆的外顶点，得到球体的外轮廓。

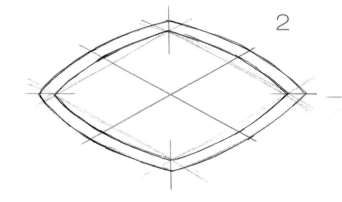

 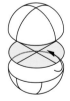

需要注意的是，初始圆的轮廓与球体的最终轮廓不重叠。球体的最高点也不在外轮廓圆上，而是位于两个垂直椭圆的交点处，球体的最低点也是相同的情况。

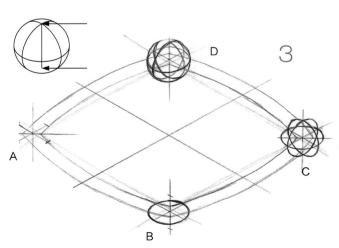

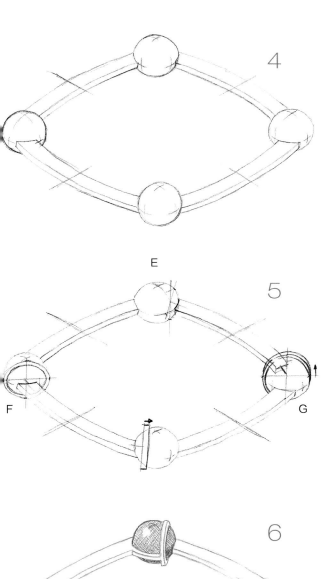

1. 首先画出宽度和深度两条轴线，相交呈30°夹角。在轴线上标出手镯的尺寸。

2. 将标记点用四个相同的弧线相连。

3. 按以下顺序绘制手镯上的四个小球体：

找到球体的中心，画出水平和垂直面的轴（A）。接着画出水平的椭圆，并在轴上标出垂直半径（B）。画出两个相互垂直的椭圆（C）。最后，连接三个椭圆的最外缘（D）。

4. 小球体的作用是接合手镯。球体的一端用内螺栓连接着环臂，另一端嵌在一个箍环里可以轻微地移动。为了看清套接的结构，在另一张纸上将图纸描摹下来，辅助线已经不需要了。

5. 要绘制箍环，先要画出垂直轴和水平轴（E）。请注意，在每个球体中，它们会根据相对位置而改变方向。接着，画出两个同心椭圆（F）。不需要画出环的厚度，只保留可见的深度上的弧即可（G）。

6. 最后，绘制连接弧与圆环相连，使之与球体的水平面平行。

杰玛·雷德米亚，乌木银手镯，1998。

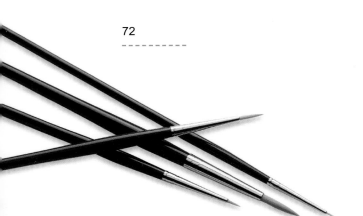

链条：

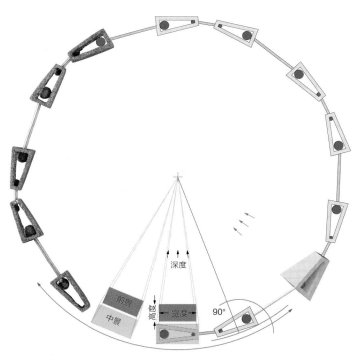

深度

前景

中景

高度

宽度

90°

每节链条的方向

索尼娅·塞拉诺，
项链模型，1995

一个灭点

在本章中，我们要学习链条的一种表现方法：非一点透视、俯视视角和一个灭点。这类首饰是唯一可以利用这种透视系统来解释形状的物品。将链条的最前部作为前景，将它们按垂直状依次排列。其特点在于，所有部件都朝链条的中心消失点汇聚，其好处是只需要画出两个链节，其余的复制即可。

首先确定消失点

要绘制一条链子，必须考虑三个要素：链节的数量、尺寸和链子的总长度。建议先确定两个变量，然后再根据它们确定第三个变量。比如，如果确定了链节的数量和尺寸，则可以计算出整条链子的长度。

以下是运用这三个参数的例子：

◎ 28个链节。

◎ 每个链节的宽度为20毫米。

◎ 链节孔的宽度为16毫米（如果链节两边都有孔，则应该计算的是两孔中点之间的距离，如图B）。

计算链子的总长度：

链子周长=16×28=448mm=44.8cm

为了计算链子周长，需要知道半径：

半径=周长÷2×π=44.8÷2×3.14=7.13cm

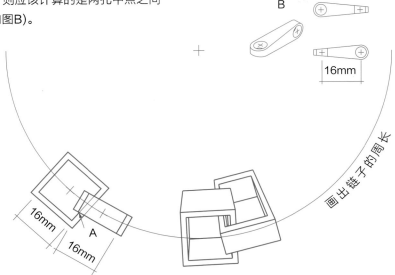

B

16mm

16mm

16mm

A

画出链子的周长

箭头指示的是部件的嵌套方式，其内壁实际上是相切的（A）。

请注意，标注的宽度值并不是链节的完整宽度，而是链节内圈的宽度，这是因为链节是从内部嵌套在一起的。如果计算的是每个链节的完整宽度，那么链节会是一个压着一个，而不是串接在一起。

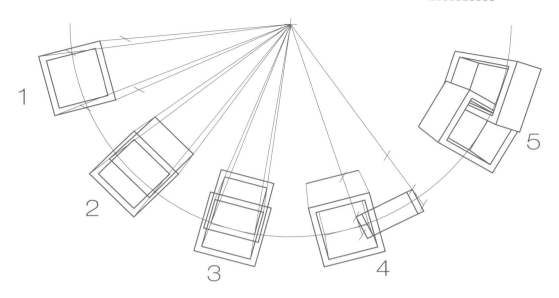

如何用一个消失点表现形状

先画出表示链子整体的圆圈，然后将其中一个链节的平面轮廓放置在这条线上。

接着表现第一个链节的体积感，从轮廓的每个顶点与圆心相连，并在这些直线上标出深度。

在画第二个链节的深度时，应该考虑到它相对于第一个链节的位置，所以必须将它们之间的距离因素考虑进来。

步骤：

1. 以圆周上一点为中点画出第一个链节的形状，并标注出表示深度的线和刻度。

2. 画出后平面，与上平面的宽度线和高度线平行。它们形状相同，只是尺寸小一些。

3. 接下来，画出后平面的内圈。

4. 确定第二个链节的轮廓，它们受到第一个链节的限制。标出深度线。

5. 按照标记的刻度平行地画出前后两个平面，再将它们连接起来，草图完成。

一旦将两个链节嵌套好，剩余的链节就可以沿着圆周线复制完成即可。

长链的绘制方法

　　长链的圆周线可以用两个相同的半圆与两条垂线首尾相连而成。在这个例子中，链子的链节有两种形状，一种是圆柱形金属丝，另一种是呈波形叠放的一对金属片。

1. 绘制两个直径为14cm的半圆，用两条直线连接组成整条长链。将第一个链节画在前景的正中央。

1

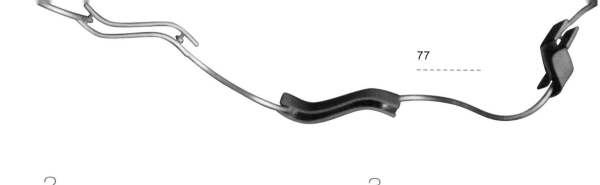

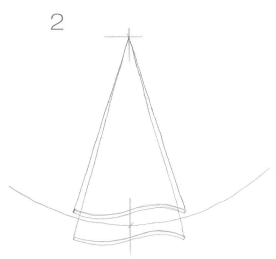

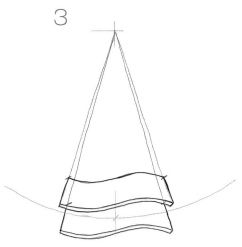

2. 将所有的顶点与圆心相连，这是深度线。
3. 标记出金属片的宽度，然后逐个连接形成链节的轮廓。

4&5. 找到两个金属片的接合点。两个金属片是用两个小螺栓连接的，因此需要找到每个金属片的宽度的中点，一边一个。

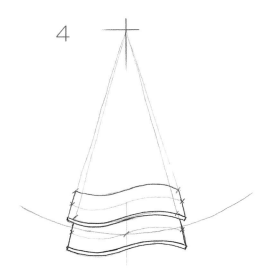

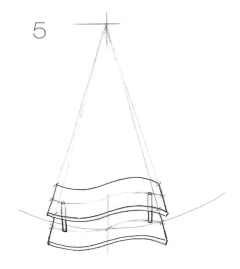

6.

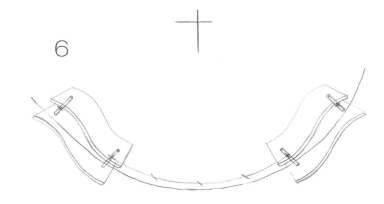

6. 在画第二个链节时，画一条穿过小螺栓中心的新弧线，将它四等分，作为金属丝的定位参照。

7

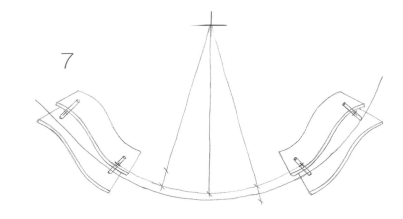

7. 将四等分的标记点与圆心相连，这是深度线，并标出金属丝弯曲的理想弧度。

8

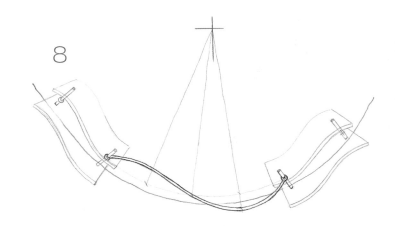

8. 连接标记得到弯曲的金属丝，并在与小螺栓连接处画两个圆环接口。

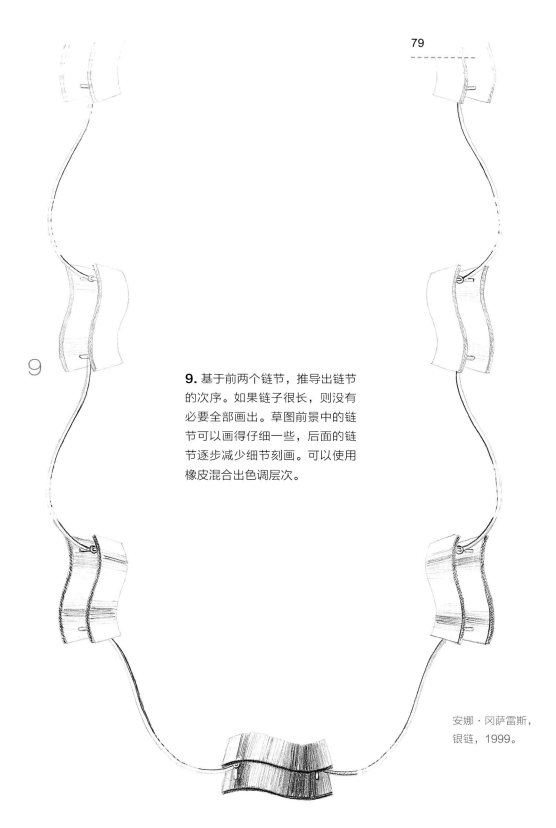

9

9. 基于前两个链节，推导出链节的次序。如果链子很长，则没有必要全部画出。草图前景中的链节可以画得仔细一些，后面的链节逐步减少细节刻画。可以使用橡皮混合出色调层次。

安娜·冈萨雷斯，
银链，1999。

1. 画出链子的圆周线，以圆周上一点为中点画出第一个链节的形状，先简化为一个矩形。将中点与圆心相连形成深度线，将与金属丝相关的刻度全部标注在这条深度线上。

2. 画出金属丝的外轮廓，以及链节的上下边棱。

3. 将链节的前半个圆弧七等分，以便画出垂直连接上下部分的金属丝。

4. 在链节背面用同样的方式画出平行于上下边棱的两条金属丝。

5. 为避免图纸太复杂，第二个链节可以画在另一张纸上。先画出介于两条深度线之间的椭圆金属丝轮廓。

6. 在画好的椭圆形的上下分别各画一个椭圆形。请注意，随着与圆心距离的远近，椭圆形的比例会有相应的变化。

7&8. 将链节的前半部分圆弧八等分，画出九条金属丝。

短链的绘制方法

本例将会涉及到更复杂的由异形链节构成的链子的画法。如图所示，其链节是曲面金属丝结构。

尽管在现实中链子上的链节可以更自由地旋转、变换，但为了简化绘图，在此统一表现为相互垂直的关系。

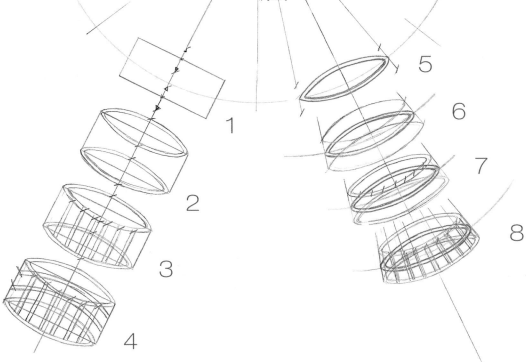

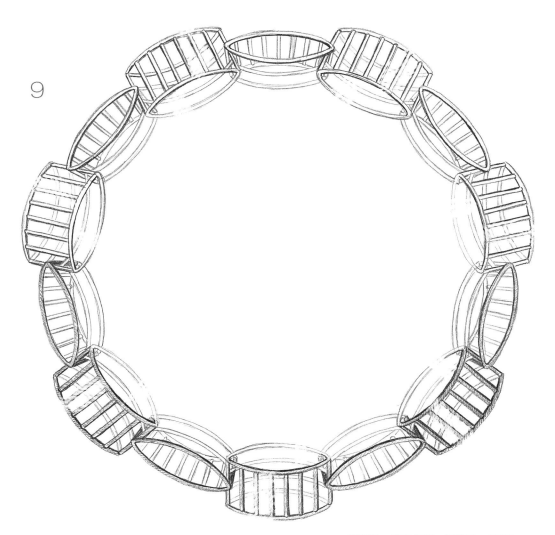

9. 通过描摹，将链节串接在一起，可以看出两个部分的串接方式。请注意，金属丝接合的细节也要尽量表现清楚。

9

洛伊丝·维拉里诺，银链子，1998。

从草图到
工程图纸

工程图纸可以与不了解产品的人交流，所有有用的信息会构成产品的模型。

—— 布鲁诺·穆纳里，《物品是如何诞生的》，1981

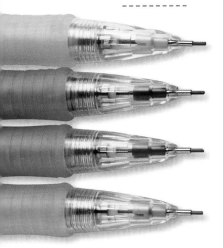

如何布局

恩赖奇·马约尔，
胸针设计草图，2003

视图和尺度

　　一件珠宝的创作过程，必然包含了所有想法的工程信息的详细描述，也就是设计方案。这些图纸通常是用计算机绘制的，因为电脑绘制的线条非常精确且均匀。但在数字化之前，设计师还要完成一个中间步骤，即绘制工程图纸。

　　工程图纸是使用传统绘图工具徒手绘制的。它提供了两种类型的信息：视角（作品的形式细节）和尺度（工程资料）。为此，设计师运用了之前提到的草图和模型，以及二面投影系统和工业设计的标注方法来表现。

工程图纸的功能与应用

工程图纸可以在草图完成之后绘制，甚至可以在制作好模型之后绘制。到了这一步，几乎所有的设计问题应该都已解决，想法已成熟。但这个想法仍然需要在草图和模型中，从形式上和技术上，进行进一步打磨，以确保珠宝首饰能付诸实际。从工程图纸中，可以清楚明确地读出这件珠宝的样子。

工程图纸的交流功能

工程图纸的第二个功能是设计者和生产者之间的沟通工具。它是工程性的，无需表现性；它包含的信息并不是为了使创意更具吸引力，而是要给出明确的制作指导，不留任何疑问。为了使这种沟通更顺畅，应遵循国际标准，避免主观臆断。设计的所有特征（形状、尺寸、材质、生产细节、安全搭扣等）都必须标注明确，以便其他的珠宝制造商能够通过阅读工程图纸制作出珠宝，而无需与设计师本人沟通。

恩赖奇·马约尔在工作台上设计一枚胸针。从想法到工程图纸，有一条通过草图和方案达成的视觉路径。

最终，珠宝制造商会阅读图纸，解读这件珠宝设计的形式和形状。

空格章上需填写的要素：

一 设计者姓名（A）

一 作品类型和模型编号（B）

一 设计日期（C）

一 单位（厘米、毫米）（D）

一 比例尺（E）

一 产品细节：材质、制作工艺、组成等（F）

A		C		
B			D	E
F				

通常，工程图可以作为最终图纸，即使它是用最基本的工具绘制的也无妨。因为一张经过无数次修改和调整的工程图纸包含了所有必要的信息。

精确的图纸和细节

方案的质量取决于图纸的明晰程度，以及细节的数量和精度。图纸应该是一张匀称的线条图，没有纹理、阴影、颜色；线条果断干净，没有涂改痕迹，没有重叠的线条或多余的艺术效果。每种图示都有特定的意义，一条边棱、一条轴线、一个截面或一个标注，不能丢失遗漏任何必要的观点和信息，也不能有任何重复或没用的东西。

在标题框中注明设计和作者的信息，这对于理解和实现图纸很有帮助。

工程图纸必须足够清晰，以便珠宝制造商以此为可靠的依据来生产珠宝。艾米莉亚·伊格莱西亚斯，"阿罗哈"（Aloha），链接银手链，1999。

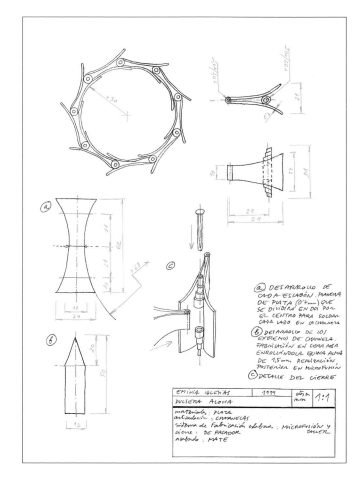

视图：物体的形式细节

得益于透视，人类眼球的锥形透视系统可以立体地感知空间中的物体。正如在前一章中看到的，这个系统扭曲了物体的维度，将实际平行的线相交于消失点。所以为了得到精确的工程图，我们只能使用非锥形透视，即二面投影系统。

二面投影系统的主视图：正视图和侧视图

二面投影系统是一个物体在两个平面上投影的系统，如果有必要的话还可以将投影放大到其他平面上。这两个面是正面和侧面。利用这两种投影图，就可以给出一个物体的主要参数：高度、宽度和深度。

补充视图：剖视图、后视图和底面图

有时还需要提供其他面的投影图，如剖面、后面和底面。这些面有可能隐藏着无法从两个主面看到的或推断出来的信息。

观察一个简单的形状，如一座塑料小屋，用二面投影系统表现。将小屋旋转，以便每个面都能以单独的或完全的方式被看到。在该例中，最大投影面数是六个，就像一个立方体。但不是所有的面都要表现出来，通常只需要将不可或缺的面表现出来即可。

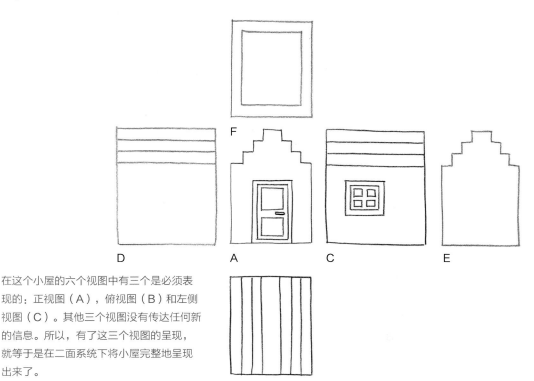

在这个小屋的六个视图中有三个是必须表现的：正视图（A），俯视图（B）和左侧视图（C）。其他三个视图没有传达任何新的信息。所以，有了这三个视图的呈现，就等于是在二面系统下将小屋完整地呈现出来了。

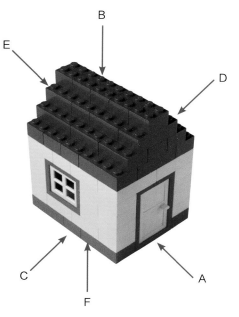

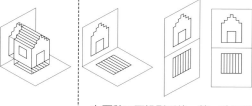

有两种二面投影系统：第一种二面和第三种二面的投影法。第一种方法，也叫欧式投影，来源于空间的平面概念，在这个空间中，投射出来的都是不可见的面，如图所示。

任何物体都可以用六个面的视图来表现：主立视面（A），顶面（B），左侧面（C），右侧面（D），背面（E）和底面（F）。

主立视面（A）是赋予物体主要特点的一个平面，会在高度和宽度方面给出更多的细节。在这个例子中，主立视面上有扇门。

顶面（B）是从物体正上方看下去的，原理如同建筑平面图或俯视图。如最下方图所示。

左侧面（C）有一扇窗户。

右侧面（D）没有任何元素。

F

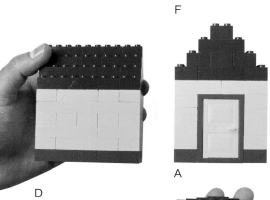

D

A

C

E

B

两个立面之一的背面（E）没有门。

底面（F）始终位于主立视面的上方。

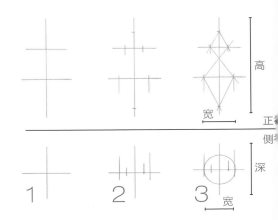

一件珠宝的正视图和侧视图

　　每件珠宝都可以当作一件小型雕塑，因为它们是运用创意设计出的三维物体。但大部分的雕塑都是放在地面上或者基座上，而珠宝与佩戴它的身体有很强的关系，适应身体，悬挂于固定一点，或者随身体的运动而变换形态。所以很显然，每件珠宝都应该进行视觉分析，确定其特点，然后从中确定主要的面。

选择主要视角

　　不是所有的珠宝都能用同样的三维手法处理。设计是基于功能而构思的，例如，扁平的或很少有凸起的，而另一些则非常立体。这种多样性意味着有些视图是必须要有的，也有一些不是必须的。设计者应该选择那些可以表现设计基本特征的视角，将物体放置在最合适的位置，以便传达出最多的有效信息，即使这个视角不是最美观的。

1. 开始绘制二面投影图的第一步是选择视角。这是一件完全对称的首饰，因此只需要表现两个面，即正面和侧面。画出中心轴，标出高度。

2. 接下来，在正视图和侧视图中标记出宽度。

3. 为了准确绘制出正视图的轮廓，先要设想好两个菱形的形状，标出角度。

4. 寻找便捷的绘图方法。比如，使用菱形框和圆形模板对绘制蜿蜒的曲线会很有帮助。

5. 这是最终效果图。这是制作蜡模用的，所以没有参考线，它是车间里使用的图纸。

6. 在一大块与最大直径和厚度相同的蜡上，用细冲头或针将首饰的轮廓刺出。随后再细致雕刻，直至最后的车床加工环节。

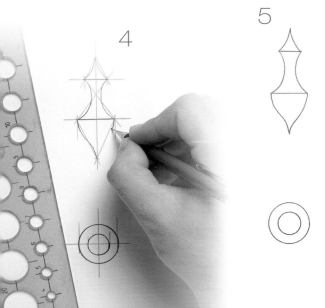

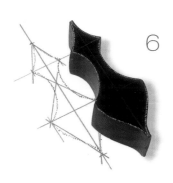

玛丽亚·勒沃特，吊坠的制作过程，2003。

艾米莉亚·伊格莱西亚斯，"蓝色"
手镯模型，银和玛瑙，1999。

另一种系统，即第三种二面投影法（又称作美式投影），如图所示，将一个平面看作一面镜子，反射出对应的平面的样子。两种系统（第一种和第三种二面）都是有效的，这就像有些国家驾驶员在左边而有些在右边一样。

隐藏的线条和轴线

视图上的线条代表物体的边界。当线条是实线时，说明它是可以看到的；而为虚线时，则说明它是看不到的，隐藏于物体的背面或内部。

许多首饰的形状都是对称的，常用单点长画线为轴线来表示。这条轴线很有用，因为它指明了中心的位置。

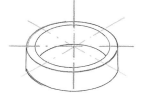

椭圆也有轴。两个真实的轴（蓝色），一长一短。两条组合线（橙色），表示出平面的倾斜度，它们处于同一维度。

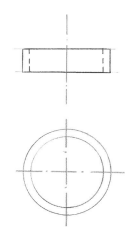

圆柱体是戒指、手镯、手链等首饰的基础形状，它的坐标轴结构应该用二面投影系统来表现。

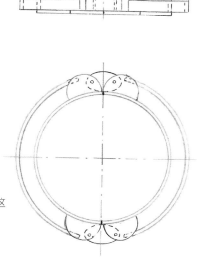

请注意虚线和轴在这个"蓝"手镯图中的运用。这些元素完整地呈现出了金属片和宝石形状。

视图的分布

正如我们所见，形体在二面投影下不过是从不同位置看到的局部视图。如果这些视图以与投射在空间中的相同顺序投射在纸上，那么就能想象出透视中的形体了。但如果视图的位置与其在空间上的投影的位置不一致，则很难想象出这个形体，更不可能知道正面、侧面、顶面分别在哪里。视图之间的距离不能太大，否则就会分散形象；也不能太小，否则会影响视觉的连贯性。如果这些作品是以真实比例绘制的，最理想的距离是1厘米。另外，视图之间的距离要相同，否则会显得很杂乱。

罗瑟·帕劳，"纳舒厄"（Nashua）宝石戒指设计图，2000。

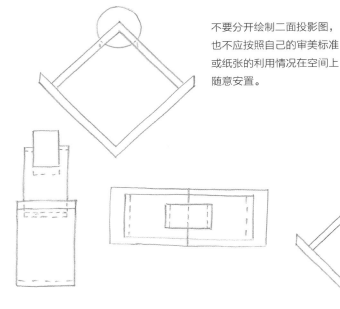

不要分开绘制二面投影图，也不应按照自己的审美标准或纸张的利用情况在空间上随意安置。

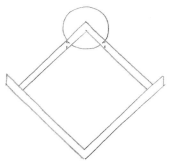

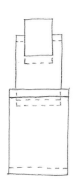

视图应该放在最合适的位置。如此，才能立刻明白实线和虚线的关系，也能更容易想象出透视的作品效果。

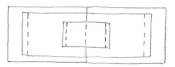

比例尺

比例尺即图纸与实物之间的比例关系。用"："或"/"符号分隔两个数字表示，第一个数字代表图纸尺寸，第二个数字代表实物尺寸。所以，如果比例尺是1:1，则表示图纸和实物的尺寸相同；如果是1:2，代表图纸是实物尺寸的一半。在珠宝手绘中，除了放大的小部件（如耳环、链节等）或者细节图外，一般都是按1:1的比例绘制的。

所有图纸都应标明比例尺。有时，普通视图会使用一种比例尺，而另一些细节图、局部图会使用另一种比例尺（除特殊视图外，下面的内容中都会提到），但是从一个视图到另一个视图的比例尺不变。

在工程制图中，建议使用不同粗细、硬度和颜色的铅芯绘图，而画同一类图线的工具要一致。

E 1:1

一般来说，不论任何情况，视图都不应小于2厘米，并且要包含多个平面和隐藏线，正如胡安·卡洛斯·冈萨雷斯设计的这条链子。

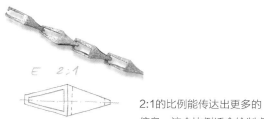

E 2:1

2:1的比例能传达出更多的信息。这个比例适合绘制虚线，但是标注尺寸数值会略显拥挤。

3:1的比例就有足够的空间写标注。单位是毫米。

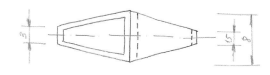

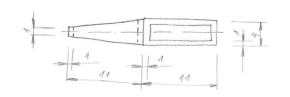

3:1的比例较为理想，形状清晰可见。再大的比例就没有必要了，会与现实有较大偏差。

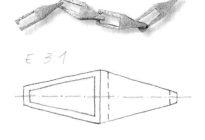

E 3:1

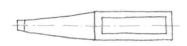

标注：物体的工程细节

　　尽管图纸是按照一定比例绘制的，但也不可能准确的测量出尺寸，因为图纸永远不会完美，即使是电脑绘图也会有误差，用尺子或比例测量时，线条的厚度会导致误差产生。平面图的误差会更大，这就是为什么图像应该与工程细节的标注（尺寸、角度、材质、组装或制作）放在一起。这些工程细节就是标注。

标注尺寸

　　标注的主要内容是尺寸。在工程图上，必须写明组装所需的所有零件的尺寸，不能重复。详尽的标注可以避免看图的人花时间计算。

　　在草图和模型上测量计算，调整尺寸并组合成最终设计，避免不协调因素。例如，一般的尺寸会小于或大于包含它在内的部分的总和。计算或标注错误的尺寸会让部件无法实现，浪费时间和金钱。不仅要测量边缘，还要测量高度、轴线之间的距离，以及内部各点之间的距离。

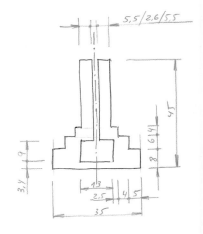

上图为阿尔弗雷德·洛斯帕尔尔爵士在1927年设计的经典搭扣，这可以作为标注小尺寸的参考。在长度之间用点隔开，并在尺寸线上标注标注，尺寸线两端用指向外侧的箭头指示。

1. 先画出垂直于需要测量部分的辅助线。

2. 在两条辅助线之间画一条平行于所测部分的尺寸线，注意辅助线应超出尺寸线一些。在两端分别画实心箭头（大约15°）。

3. 尺寸数据可以通过计算草图得到，也可以从模型上量得。此例中的尺寸来自直接测量。

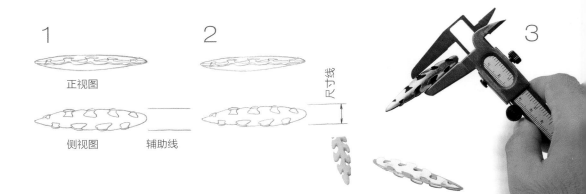

正视图

侧视图　　辅助线

尺寸线

尺寸不能随意标注，用箭头指示出测量的跨度，而尺寸线的长度则应绝对等同于所测量的距离。它们在物体的外部，用两根细小的实心箭头表示，通过两条辅助线将其与视图相连。标注可以是并列的，也可以是平行的，或是两者相结合。建议尺寸线和视图的距离不小于1厘米，尺寸线之间保持8毫米的距离。

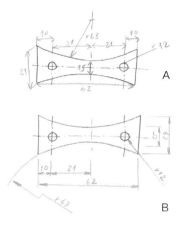

A

B

绿色图的标注很混乱，有许多错误；尺寸线和视图的间隔不够，数字的位置也不正确，箭头不标准，标注有重复，尺寸线有交叉或挪动了位置（A）。

这是正确的标注图，可以清晰明了地捕捉信息。首先，将所有的尺寸放置在远离视图的位置，并在同一边分组，不要有交叉或重叠，在标准的箭头之间，在尺寸线上将数字放置在正确的位置（B）。

平行标注需要绘制很多的辅助线，画面会显得很拥挤，但是便于理解。

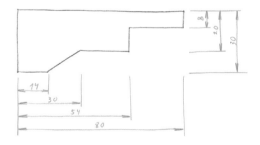

并列标注需要的辅助线不多，图纸较整洁，但是需要读图者计算才能获得宏观尺寸。

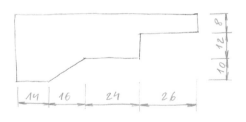

4. 用小而清晰的数字在尺寸线上方的中间部位标出尺寸。

5. 由于这些金属片是有机纹饰，所以在图纸上仅对一般的尺寸做了标注，而没有对曲线的描述。涉及到的特殊视图，将在后文中介绍。

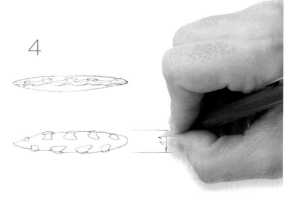

4

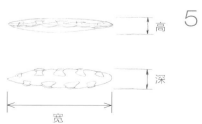

5

标注倾斜与角度

　　角度可以标注在图形内，不过最好标在外侧，以免妨碍读图。在这个例子中，将一个角的边线延长，复制在图形之外，或者在一旁将这个角再现出来，从而使需要标注的角清晰明确。角度也可以通过给出点的坐标来标注，这样珠宝商只需要画出角的每条边的末端，并将它们相连即可。如果是圆形，需要标注的是角度，而不是部分之间或中心点之间的距离，因为圆形截面的测量单位是度。

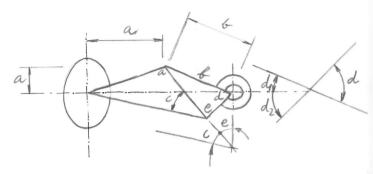

a. 标注对称轴至一个角的最末端的距离。这个角是通过连接该末端和顶点来计算的。

b. 标注一条斜边。尺寸线平行于斜边，而辅助线垂直于尺寸线。

c. 延长角的一条斜边，在视图内外分别对角度进行标注。

d. 标注视图之外的角，以及与轴的夹角（d_1和d_2）。

e. 注释视图之外的，与轴的夹角。

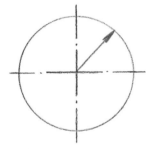

一般半径都是从中心到曲线的距离，除非是中心在视图内部或者曲线非常小时，才有必要描绘难辨的细节。

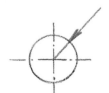

即使已经标出了半径，如果圆形较小，则最好在外部作标注。

对于非常小的圆形和圆弧，仅在外部标注即可，且不必画出半径，这样视图会较为明了。

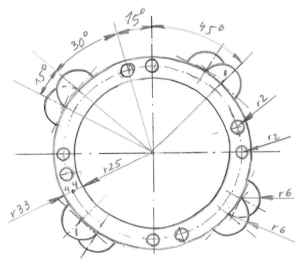

上图是手镯的角度标注示例，由阿尔弗雷德·洛斯帕尔士爵士于1930年设计。

标注曲线

要标注曲线，需要定义三个参数：圆心、轴线刻度和端点。如果是圆形曲线，那么中心即圆规作圆时的圆心，轴线即直径（半轴即半径），端点即曲线与另一条曲线或直线的连接点。如果是一个完整的圆周，那么端点是不存在的，只有圆心和半径，这是必须要标注的两个基本信息。

如果曲线不是圆形，请先确认它是规则曲线（椭圆形、抛物线或双曲线）还是不规则曲线。如果是规则曲线，则要标注出轴线，因为轴线的相交点即中心点；如果不是规则曲线，则不需要，只需标注出图形的总体维度即可，并制作一个单独的模板，以便描摹图形。

标注不规则曲线时，要确定它相对于垂直轴或水平轴的位置。

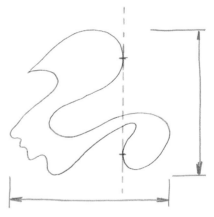

找出同一条曲线上两点之间的联系是确定标注准确位置的一种方法。接下来，就可以标注曲线的宏观维度了。

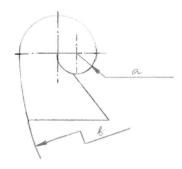

a. 半径的尺寸线应保持倾斜，与水平轴和垂直轴约呈45°。也可以在曲线外部再次倾斜地绘制一遍，便于理解。
b. 用折线表示一条单独的轴线。如果箭头不适宜横穿图形内部，可以将曲线延长并作标注。箭头线必须指向中心。

为了尽可能详实地记录这条不规则曲线的细节，可以将它置于方格线中，然后标注出每个小方格的尺寸即可。

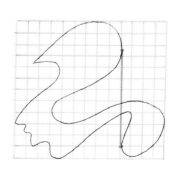

绘制和标注链节

许多蜿蜒起伏的曲线是由各种圆弧连接而成的。标注这种曲线时，需要确定每个弧的中心、半径和弧与弧之间的精确的连接点。这一部分我们将通过一位学生设计的模型来学习如何标注这类链节的连接方式。为了确保图纸清晰可辨，比例尺设定为2:1。

1. 首先，影印模型的形状，然后放大两倍，描摹下轮廓线。这张描摹图将是定位相交弧的中心的基础。

2. 在这个简单的视图中可以看到弧线间的交点，它们是凹凸起伏的曲线的衔接点。这些点用切分弧线的短线标出。从弧线的末端到第一个交点画一条线段（弦），从中找到垂直平分线，它连接着经过弦的两端的两条次级弧的两个交点。弧的中心点就在这条垂直平分线上，如需准确地确定这条弧的新弦的位置，请重复以上步骤。两条垂直平分线的交点是圆弧的圆心（O_1）。

3. 接着绘制紧挨着的下一个弧，平行弧，它们的圆心相同。重复以上步骤：从弧的末端到第一个交点画一条弦，然后找到垂直平分线。这次要找到中心，只需从前一个圆心（O_1）出发，穿过交点直到与垂直平分线相交即可：这个交点就是新圆心（O_2）。

4. 最后一条圆弧的绘制方式与前一个相同：先画出一条弦，然后是垂直平分线，以及最后一个新的圆心（O_3），它位于该垂直平分线与连接前圆心（O_2）与交点的线之间的交汇处。

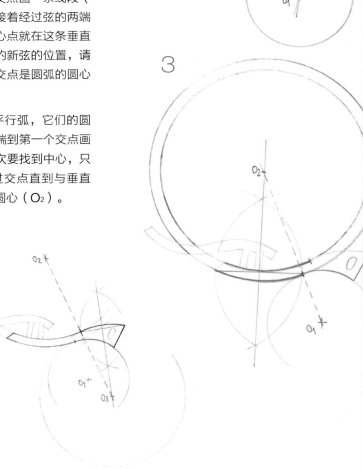

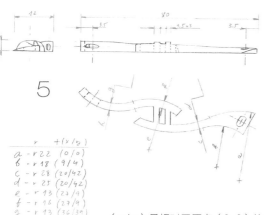

5. 吊坠的另一部分可以用同样的方式完成。吊坠的最终设计已在表格中注明，包括每条弧的半径和圆心（a、b、c、d、e、f、g和h）。不必标注出交点。

标题框和备注

　　许多信息不能用符号或插图来表达。这时就要借助标题框中的备注来说明。备注是对设计图的某个元素的书面说明，备注要放在对应的元素附近。将需要备注的区域用符号标号，然后将所有备注按符号顺序罗列在一起。对于整个部分通用的备注用符号"⊕"表示，对于个别部分的备注用圆圈内加字母来表示。标题框是设计图上包含所有绘图和作品的具体信息的部分。所有的标题框都包括两个主要部分：第一部分，通常位于最上方，包括设计者、作品类型、年份、尺寸和计量单位等信息；第二部分，是生产制作所需的所有的包括工艺和材质的细节。标题框的大小和形状不尽相同，但所包含的基本信息不变。

（x/y）是相对于原点（0,0）的距离，表示水平轴（x）和垂直轴（y）到原点的距离。

⊕　1mm厚的薄板。

ⓐ　方形银质开合接口。它的外侧有一个可以打开的三角形部件。

ⓑ　有三角形凹槽（同A）的装饰性接口。

ⓒ　开合接口。系统：根据图示把握接口的内径。

艾米利亚·伊格莱西亚斯，银手镯，Kishi模型，1999。在这幅画稿中设计师多次使用备注来解释设计的细节。

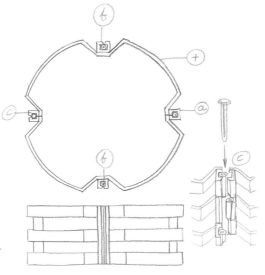

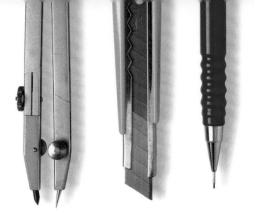

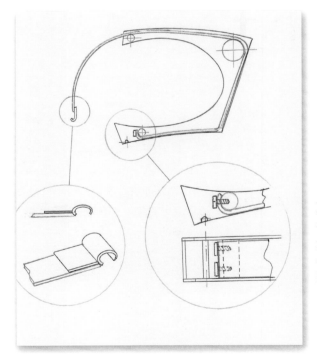

霍尔迪·佩拉尔塔，
手镯橡胶钩子细节图，1998

特殊视图

　　每件首饰都需根据其形式与技术特点进行专门绘制。有些首饰是由多个元素榫接或铰接而成的，因此需要绘制两种类型的视图：整体视图和每个组件的单独视图。其他一些首饰在某些细节上可能更复杂，需要对这一细节的视图进行放大观察，甚至需要绘制框架以便于制作和帮助理解。当存在不同厚度的或内部的结构时，需要将首饰的内部结构呈现出来，这样珠宝匠人才能知道它是实心还是空心。最后，匠人会在车间里用各种技术手段制作最终形态的模板。

展示首饰内部

根据应用于特定材料的程序和技术，每件首饰的制作方式都不同。一些部件是焊接成型，其余为雕刻而成；另一些是由组装、拧接或焊接而成；有的是实心有的是空心，等等。所有这些情况都要求将首饰的内部展示出来，以便理解其制作的过程和方法。这些工程图纸的视图类型有：断面图、横截面图和剖视图。表现方法也要具体情况具体分析。

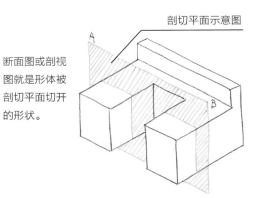

剖切平面示意图

断面图或剖视图就是形体被剖切平面切开的形状。

剖视图

在剖面上有特定细节时才有必要绘制剖视图。在一些平面视图中，用波浪线表示物体断裂一角的边界线。实体部分用平行斜线表示。

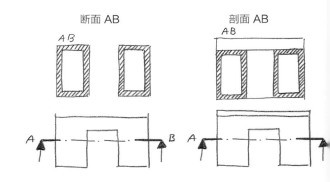

断面 AB   剖面 AB

下面是该部件的二面视图和一面的剖视图。注意选择不同的正视图来绘制剖视图，以提供其内部的信息。

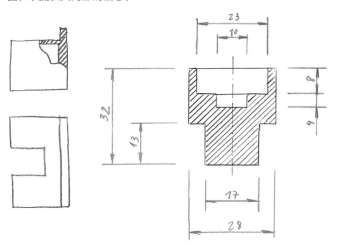

区分剖切的是侧面还是正面，取决于剖切平面。在这个例子中，剖切平面切的是侧面，因为它是正立面的剖视图。在这两幅图中，主立视面是用一个切片或一条线段表示的。

在标注剖面或断面时，内部尺寸必须与物体剖面的外部尺寸分开标注。

剖面与断面

通过表现不同的视图，如正视、侧视或局部来展示内部结构。为了知道该剖面对应的是物体的哪个部分，应在其中一个常规视图中标明两类细节：用一条轴线来指示剖面的方向和路径，用粗线表示穿过物体的线条，相交点用字母标注（如A-A，A-B，B-B等），并用每个拐角处的两个等长的实心箭头指示视线的方向。剖视图与断面图的区别在于，断面图仅只画出剖切平面与形体接触的断面图形，而剖视图除了画出断面图形外，还应画出在投射方向所能见到的部分的投影。实心部分要用细平行斜线表示。

胡安·卡洛斯·李，金戒指，1999。

该戒指至少需要两个垂直平面的断面图才能很好地理解它的平面变化。在这个例子中，两个剖视图已经画在主视图（侧视图、正视图和局部图）的旁边。

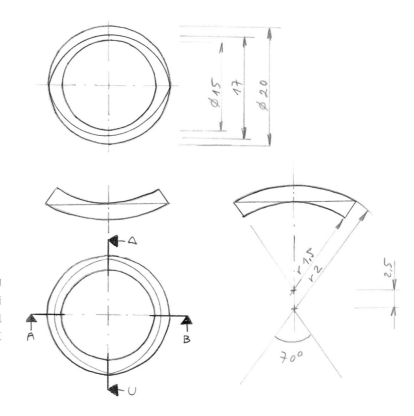

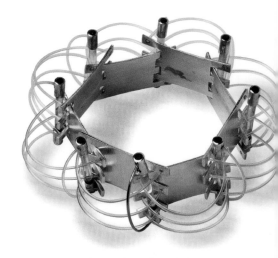

全景图和细节

许多珠宝首饰都是由各种元素组合而成，它们不仅是形状不同，而且还是由不同工艺制成的不同形状构成。另外，其中的某个元素可能比其他元素大一些或小一些，或者包含重要的细节等。这些都令绘图变得复杂。

阿曼达·弗兰克斯，"花环"铰接式手镯，1999。

在处理这些较特别的设计时，通常要绘制两组视图。第一类是没有细节的全景图，仅做一般标注即可。第二类是每个部分的拆解视图，在二面投影或有标注的系统中标注数字或字母，显示出所有特征和比例。

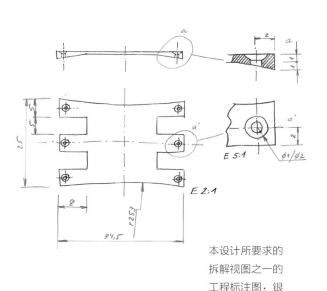

本设计所要求的拆解视图之一的工程标注图：银链。a，a'为放大五倍的细节图。

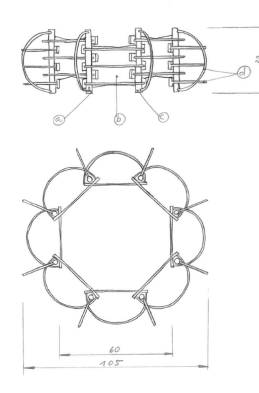

在这件手镯的全景图中，仅表现出大体的尺寸和部件。图纸的复杂程度通过尼龙线的数量来传达。

所有需要单独处理的细节都应有放大图，并标明比例尺和细节所对应的位置，标题为"……的细节图"。这块区域的边缘应该用断开线表示，表明该区域没有结束，只是在图中不做过多表现，以便将观者的注意力集中在局部上。细节图可以是剖视图，也可以是断面图，这常见于表现卡扣或特殊扣合件的情况中。

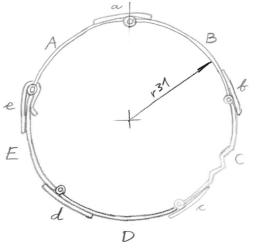

中岛富美子，Udewa 1号，
铰接式手环，2001。

手环的侧视图和单独链节的二面投影图。拆解图中的每个链节的标注都被用于开发模型。通常，纸样是没有标注的，它们被裁剪后直接固定在要描摹的金属上。

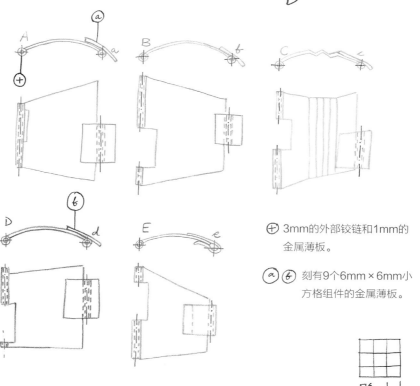

⊕ 3mm的外部铰链和1mm的
金属薄板。

ⓐ ⓑ 刻有9个6mm×6mm小
方格组件的金属薄板。

纸样开发

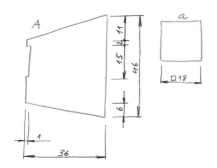

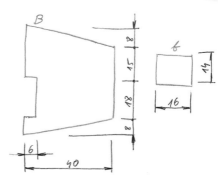

从制作每个链节开始构建出手环的模型，以此作为折叠结构和审美的参照，该设计是用合成清漆为涂银板上色。

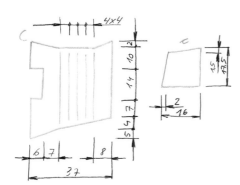

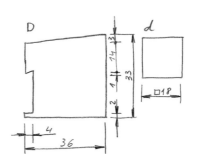

为每个链节制作模板，然后比照着模板直接在银板上切割。

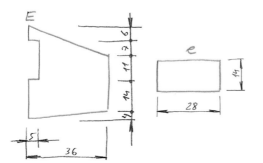

模板是按照平面比例，运用变形、雕刻或折叠等方式制成的立体形态。任何多面体、圆锥体或圆柱体的所有面平展后都能得到一个平面。而没有边缘的有机形态的制作流程要复杂得多，它们需要凿刻成型，将平坦变为起伏。在这些情况下模板就不是百分之百可行了，不过还是可以一试。

制作曲线纸样

　　曲线模型一般用于手镯或手环。因为它们的大多数都始于一个圆环。要计算一个圆环模型的尺度，需要从测量周长（2πr）开始。例如，要制作直径为70毫米的手镯模型，需要先绘制一个边长为188.4mm（60×π）的矩形。

　　也可以直接从圆柱体或圆锥形的形体上开始，用纸片圈围后展开，以此作为未成型的图纸的基础。

为了计算实际长度和制作圆环模板，需要用到以下公式：

L=（2πr×n）÷360，其中，L是弧线长度，π为3.1415，r是半径，n是圆弧两端与圆心的连线之间的夹角度数。

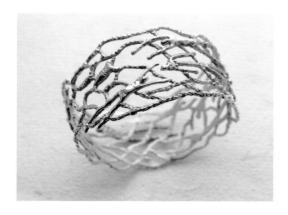

玛塔·米格尔设计制作的银手镯，2002。

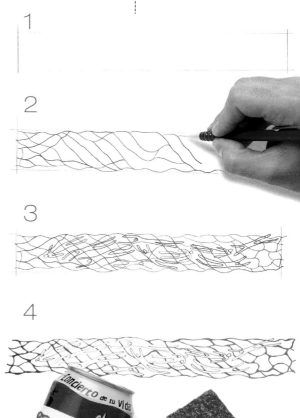

1. 运用铸造蜡技术制作手镯，先要根据圆周长计算公式 2πr 设定一个矩形。

2. 这件手镯的设计极具艺术性：一个个人形随波浪的形态而动。先画出承载这些波浪的矩形。

3. 接下来，放置人形以唤起律动感。

4. 模板做好后，将它固定在一个模子上，此例中使用的是易拉罐，这样便于用蜡滴塑造手镯。

制作展开图的纸样

为便于以后的操作，需要将立体折叠图形平铺展开成二维平面。还有一些知识需要明白。首先，最重要的标注是组装图而非展开图，因为展开图只会影响外观，对最初构造无用。但不论何时，展开图都能提供一些基本的维度信息，它们有助于让部件的最终形态符合既定的设计。

阿曼达·弗兰奇，银耳环，1999。

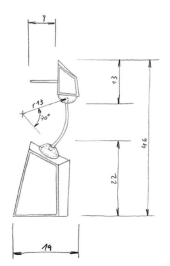

全景图是从正面的垂直位置开始，仅展示大体尺寸。

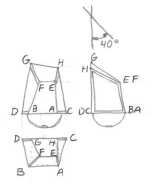

每个链节的二面投影图要展示每条边的转折点，以便解释清楚与模板的连接方式。

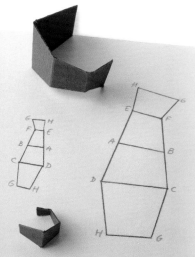

具有这些特征的部件设计可以通过折叠平面模型实验产生。这样，图案是在已有认识基础上绘制的，或者是从绘图和草图中获得的，这将使模板变成模型。

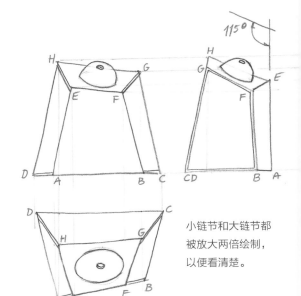

小链节和大链节都被放大两倍绘制，以便看清楚。

纸样的制作过程是从草图和图纸到模型切割，反之亦然。许多设计师直接通过摆弄纸板来探索可能性，而不需要进行一些复杂的抽象的操作，并在绘制的时候充分发挥想象力。本页展示的是来自同一人的两种设计，这就需要绘制出特征各异的折叠纸样。在耳环的例子中，设计师开发出比较复杂的折叠方案，无论它的成品看起来有多简洁；这位设计师从研究入手，结合手绘和手工的优势来处理折叠纸板。在手镯的例子中，就图纸来看，该设计较易理解，也便于随后制作模板。

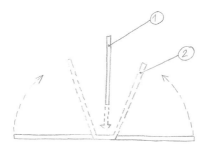

开发每一件作品都要测量被折叠和焊接的模板。

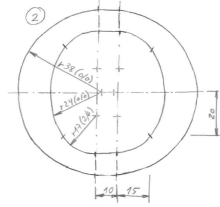
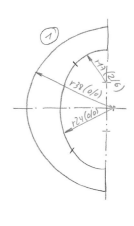

阿曼达·弗兰奇，Pontenuovo手镯，1999。

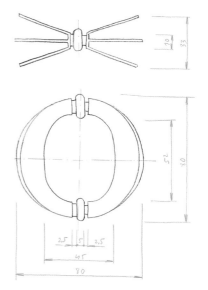

标注了手镯大体尺寸的全景工程图。

　　如果需要视觉资源来提供首饰的工程技术细节，除了可以运用二面投影系统的注释视图之外，还有其他类型，如透视图和图表。最具体的细节是指首饰的组装和构造（制造和组装方法）或者其使用方法（它是如何穿戴或扣紧的）。

　　这些工程图可以使用二面投影系统（常规、细节或剖面图）或透视图来完成。箭头或虚线这样的符号使图纸更易理解。在绘制时，设计师应该考虑读者如何在没有太多文字解释的情况下理解这些语言，就好像是不识字的人通过看图理解信息一样。如无必要，有些信息就不应赘述，设计不应有冗余的信息。

Pontenuovo手镯上的磁扣细节。

组装和使用示意图

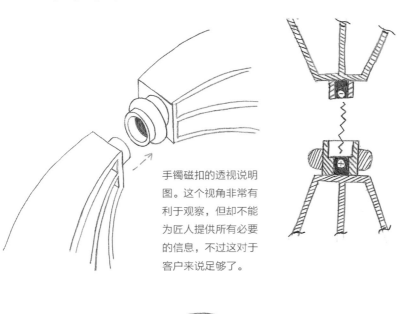

手镯磁扣的透视说明图。这个视角非常有利于观察，但却不能为匠人提供所有必要的信息，不过这对于客户来说足够了。

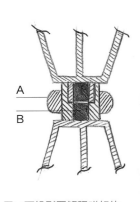

用二面投影图解释磁扣的结构。该图提供了详细的信息，不过要读懂它需要很强的抽象理解能力。橡胶接头（A），磁铁（B）。

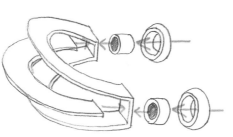

磁扣手镯的一个部件的组装图。

这几页对每种类型都举例加以说明：阿曼达·弗兰奇设计的Pontenuovo手镯的磁扣部分的组装图，以及欧拉利亚·阿蒂加斯的"迷"戒的使用示意图。这两款设计都有独特的扣环，需要用细节放大图加以表现，以供组装和使用。

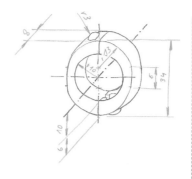

欧拉利亚·阿蒂加斯，
"迷"戒，2000。

标注透视图也可以表现整体图像，不过前提是它的各部件会在二面投影图中单独标注，如"迷"戒的例子。尺寸线与指示箭头应与坐标轴平行。

戒指示意图。紧固系统是原创设计：它将两部分连接在一起，只有取下来后才能分开。

戒指局部的标注工程图需要配有剖视图和三视图，它们要大于真实比例，以便提供足够的信息。

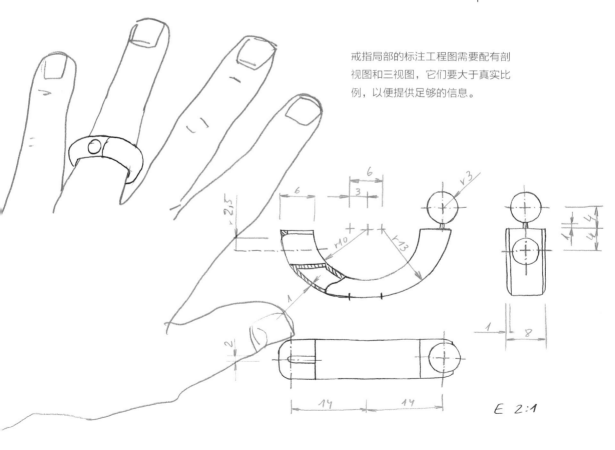

表现金属

在工作过程中，每种色调都会发生变化，一分钟前还是暖色调的笔触，在与其他颜色并置时，它立刻就变成了冷色调。

———— 约翰·拉斯金

金属的

光泽

色调层次

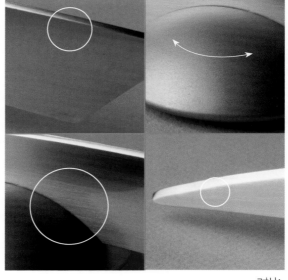

反射

对比

特里萨·卡萨诺瓦斯, 开信刀，1993

体积、色调和质感

　　本章重在叙述彩色图纸的用途和功能。草图用于解释形状和体积，而颜色的增加除了为画面增添亮点外，还提供了材料的质感信息，如光泽、透明度、颜色和表面处理（磨砂、抛光等）。表现一件首饰只有形状是不够的，还必须在视觉上确认其材质。本章将会全面介绍金属的表现方法，因为金属是首饰中最常用的材料，尤其是金银。为此，我们将着眼于彩色图纸和明暗对比图，它们属于艺术绘画领域，表现效果光彩夺目，非常适合作品集、珠宝目录和收藏册。如果没有颜色和明暗对比，就不可能确定金属的类型及其表面的处理方式。

金属光泽：
明暗对比的一般规则

明暗对比是将光和影结合构成一个形体，在给出体积的同时，用阴影、反射或透明度来表现形体的不透明性能和纹理。最终效果直接取决于三个因素：光源（质量、强度和位置）、背景（中性背景或物体）和受光物体（材料和质地）。

明暗关系的前期考虑

绘制首饰要依循简单化的原则。从中性的背景开始，把物体放在平坦的白色表面上，这样就不会对金属的颜色产生任何影响。使用单一光源使首饰在水平面和前视图上产生全面的效果。还要考虑光的质量，自然光是最好的，它的亮度不会像灯泡一样在一段距离后消失。

光源的反射（光泽）

分析从照片上可以看到的内容。

明暗的反向对称

间接光线的反射

间接光线的反射

索尼娅·塞拉诺设计的戒指，1997。

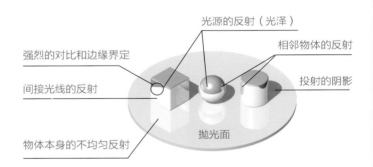

光源的反射（光泽）

相邻物体的反射

强烈的对比和边缘界定

间接光线的反射

投射的阴影

物体本身的不均匀反射

抛光面

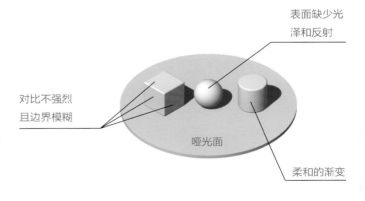

表面缺少光泽和反射

对比不强烈且边界模糊

哑光面

柔和的渐变

注意观察在3D图中，光在抛光和哑光表面上的效果。

场景：光源和物体的相对位置。由于首饰图是画在纸上的，所以必须使用最合适成像的光线。

光源
物体
地平面

光线变化的一般规则

鉴于珠宝的尺寸一般都较小，以及场景和光源的特点，我们制定了一般的绘制规则。为了更好地理解每一个规则，请对照相应的图表：

1. 珠宝尺寸有限，一个平面只会有一种均匀的光值，没有渐变。

2. 曲面以不均匀的方式接收光线，因此它显示出不同的光值。

3. 平行表面具有相同的光值，除非需要区分带孔物体的里外面。

4. 一个或多个物体的平面的不同角度，决定了不同的光线和阴影。

5. 光线和阴影的数量直接与物体的面数相关。

6. 内部的面比外部的面要暗一些。但如果作品十分复杂，可摒弃这条规则，因为这会增加表现的难度。

7. 如果要在同一张纸上绘制两个或两个以上的物体，则要把它们当作一件物体来处理。明暗的层次要从面最多的部件开始规划。

8. 阴影不应该以对称的方式表现在物体上，这会抵消体积感。

9. 曲面上的明暗关系在各轴上表现得最突出，它们用于在透视图中给出体积。

10. 可以在黑暗区域画出明暗交界线，反之亦然，使其与透视图的复合轴线相一致。

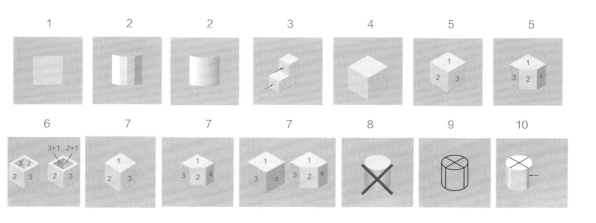

哑光面的亮部

哑光面不会有光泽和反射。明暗对比也不明显，曲面上的阴影很柔和。物体上最亮的面是水平面，因为这里受光最强，物体将从这些面开始有明暗变化。

明暗分析

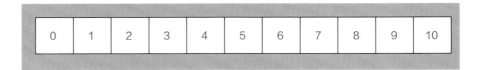

| 0 | 1 | 2 | 3 | 4 | 5 | 6 | 7 | 8 | 9 | 10 |

哑光面的色值变化

抛光面的色值变化。色值降低，产生程度差距，形成对比。

光

抛光面的亮部

抛光金属面有了反射，明暗对比较为复杂。曲面上也不是黯淡无光，而要具体面具体分析。色值对比度非常大。

首先，我们从受光最多的面开始分析，即呈一定角度的载体介质的前平面（因为它们充分反射了介质水平面的光线，并吸收了它的亮度），接下来是垂直的平面。相较于水平面它的色值较暗，塑造出空间感。这是绘制的最后一个色值，它取决于物体具有的面数。

三种常见几何
形的哑光和抛
光效果的明暗
的数值评估。

哑光　　抛光

反射

所有抛光面都有反射：环境的反射和光源的反射，也叫光泽。请不要滥用反射，否则会影响读图，或者会让图纸看起来很冗余。光泽区具有最亮的色值，在银质表面上显现为白色，而在金质表面是极其明亮的金色。这些光泽点位于物体的边缘和最突出的区域，并且因形状和宽度的不同而有所变化。它们通常是线状或点状：精细的光泽线表示尖利的边缘，而宽绰的光泽线则表示粗钝的边缘。

为了简单地理解首饰，可以忽略环境和实际物体在地面上的投影。如果要包含这些效果，则必须要表现得细致入微，还要考虑到投影的色值是最暗的，并且物体在另一个物体表面上的反射比反射物体的表面更暗。

几何结构

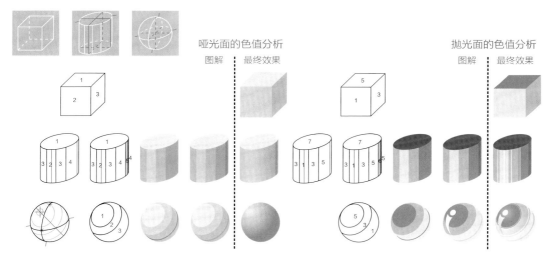

哑光面的色值分析
图解　｜　最终效果

抛光面的色值分析
图解　｜　最终效果

红线代表的是最亮的
地方或明暗交界线。

绘制方法

首先，找一个几何形作参照物（立方体、圆柱体或球体），然后基于这个形体建立色值范围。例如，戒指是个空心的圆柱体，胸针可以有类似立方体的结构，或者是由弯曲的和有机形式构成的，例如球体的局部，等等。可以使用灰阶来平衡图中的明暗对比值。为了明确图中使用了哪些色值，将各色值的所占面积用数字标注出来，建议色值范围为3至7之间，这样，变化就不至于太简单或太复杂。抛光金属面需要的色值范围比哑光的更广，因为其对比非常强烈。在建模之前可以先做一个图表，并在特定区域标注色值。

哑光面和抛光面的明暗对比

　　本例是同一件首饰的哑光版和抛光版的明暗关系对比。该作品出自索尼娅·塞拉诺，设计于1995年，它由两部分组成，使用不同的表面处理方式。在图中，凸出部分的表面是哑光的，其余部分是抛光的。使用了三种软硬适中的石墨铅笔：2H、HB和2B。铅笔要削得很尖，才能绘制出精确的线条。

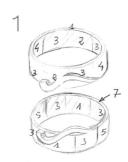

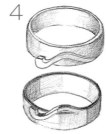

哑光

抛光

1. 在初步图示中，哑光面的色值范围为1至4，抛光面为1至5。另外，数字7用来表示极暗的光线，2H铅笔用于表现最亮色值（1），中等色值用HB（2、3、4），最暗色值用2B（5、7）。

2. 首先，用一支削尖的中等硬度的铅笔（HB）或稍微硬一点的（2H）画一条精确的线，用力不要太大。请记住，铅芯的硬度越大，用笔力度应该越小，否则会在纸上留下无法去除的痕迹。

3. 先用最硬的铅笔（2H）排出排线，形成柔和的阴影线。

4. 接下来，用中等硬度的铅笔（HB）画出中灰色。哑光的色值过渡较柔和，而抛光的转折很明确。再画一些反方向的排线，不用太多，以防与纹理混淆。

5. 最后，用较软的铅笔（2B）来强化抛光部分的对比，加强最暗的色值。用细线条软化哑光面。想要打破抛光面上色调的僵硬感，可以在邻近的光值上添加一条窄窄的深色调。

三种结构的首饰的明暗对比

为了更好地理解光线在首饰表面的效果，最好借助最接近其形态的几何形。以下是三种不同结构的首饰，这些结构很好地演示了光在哑光和抛光两种表面上的理想效果。一枚立方体戒指、一枚圆柱形双指戒和一条球体结构的手链。

在这件立方体结构的戒指中，为哑光面预设的色值范围是1至4，而抛光面为1、3、5和7，这种色值的交替减少了渐变，使对比度最大化。红线表示在两种情况下的笔触的理想方向。

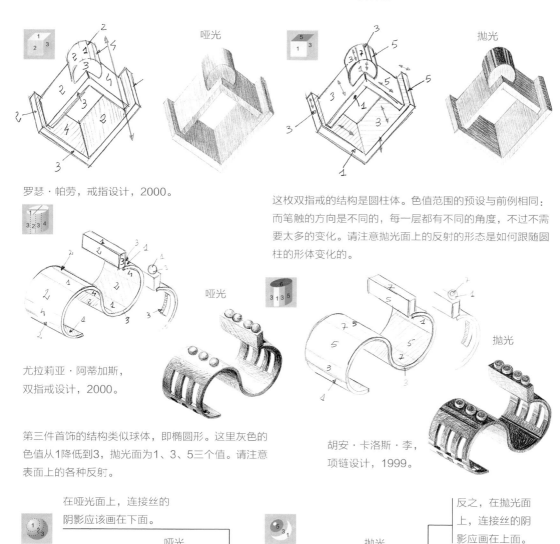

哑光

抛光

罗瑟·帕劳，戒指设计，2000。

这枚双指戒的结构是圆柱体。色值范围的预设与前例相同；而笔触的方向是不同的，每一层都有不同的角度，不过不需要太多的变化。请注意抛光面上的反射的形态是如何跟随圆柱的形体变化的。

尤拉莉亚·阿蒂加斯，
双指戒设计，2000。

哑光

抛光

胡安·卡洛斯·李，
项链设计，1999。

第三件首饰的结构类似球体，即椭圆形。这里灰色的色值从1降低到3，抛光面为1、3、5三个值。请注意表面上的各种反射。

在哑光面上，连接丝的阴影应该画在下面。

反之，在抛光面上，连接丝的阴影应画在上面。

哑光

抛光

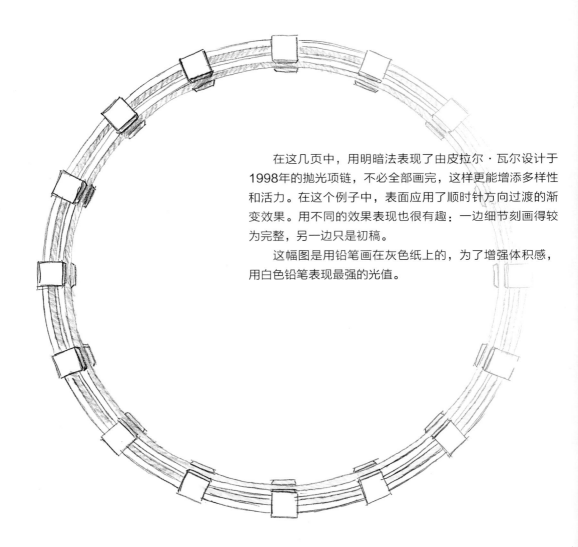

色度图的亮度级。该颜色可用于建立灰度比例转换。在这个例子中，从明到暗有四种值，它们被依次转换成以下颜色：白色（亮）到红色(暗)，中间为黄色和橙色。

用明暗法绘制链子

与前面示例不同的是，这是一条链子。鉴于使用的是消失点位于中心的透视，此明暗法只能用来表现链条。

要绘制整条链子，必须先设定光线。想象一束环绕链子的渐变光线，它会照亮链子的上平面，并产生阴影。这是一种强制的和理想的情况，因为在现实生活中，如果没有整条链子的光反射产生的镜面反射和投射阴影，则不可能达到这种效果，但这是最适合链子的照明系统。

在这几页中，用明暗法表现了由皮拉尔·瓦尔设计于1998年的抛光项链，不必全部画完，这样更能增添多样性和活力。在这个例子中，表面应用了顺时针方向过渡的渐变效果。用不同的效果表现也很有趣：一边细节刻画得较为完整，另一边只是初稿。

这幅图是用铅笔画在灰色纸上的，为了增强体积感，用白色铅笔表现最强的光值。

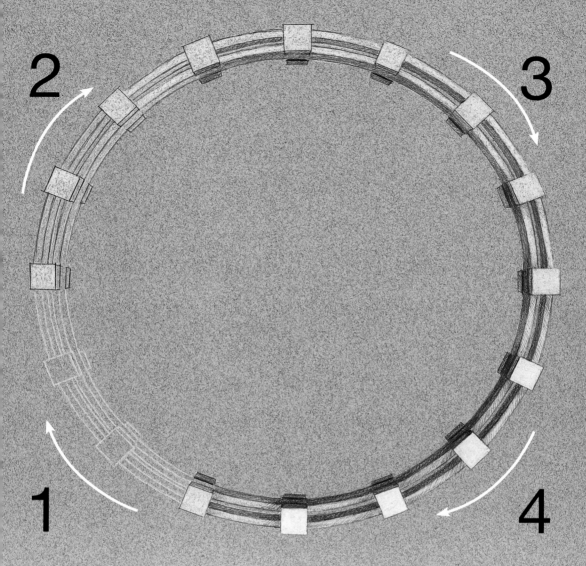

皮拉尔·瓦尔，链子设计图。

1.首先，在一张白纸上按照透视法画出整条链子，参见本书76页及其后几页所述。然后用白色拷贝纸，将设计图转移到深色纸上。

2.在基本结构图上画出外轮廓线，稍微突出必要的平面。由于此例使用的是有色纸，所以要先用白色铅笔为整件作品描出基本结构，然后再应用不同的明暗色调。

3.用稍稍硬些的铅笔（2H）画出不同的灰度，从而为深处的平面创建多样的阴影值。

4.最后，结合中等硬度的（HB）和较软的（2B）铅笔强调阴影，完成效果图。

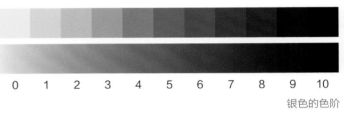

银质的色彩

哑光银质表面

抛光银质表面

卡米 ·埃斯特瓦, 哑光和抛光
的手镯和戒指, 1999。

银色是一种偏冷的中性灰色。人造银色不过是一种看起来很像银色的灰色, 通常添加了灰色的金属颜料不适合上色, 其效果太过造作。如果想要得到自然的光泽感, 应该正确地使用明暗对比, 而不是使用人造金属物质。

0 1 2 3 4 5 6 7 8 9 10

银色的色阶

银质的色阶

色阶是颜色从最亮到最暗所具有的梯度。对于银灰色来说, 它所适用的色阶与其他颜色并无不同, 只是要避免使用纯白色和纯黑色, 而是寻找一种适当的灰色, 这种灰色本身很暗, 与白色混合可以变亮, 但如果是水彩, 则要通过加水稀释变淡。而在使用彩色铅笔时, 可以尝试冷暖灰色来打破中性灰色的单调感。

银质的色相

色相是指色彩倾向（橙色、蓝色、黄色等等）, 银灰色是根据形成灰色的颜色比例来决定的。下面将详细介绍如何熟练掌握获得基本银色的方法和最常见的材料：彩色铅笔、彩墨和水粉。如果灰色偏蓝、蓝绿或蓝紫, 看起来会很清爽；如果偏红、橙、黄、黄绿或紫红, 就会显得很温暖。这些冷暖色调是在绘画中成功运用银色的关键。

三种不同色调的灰色：冷色调（A）、
中性色调（B）和暖色调（C）。

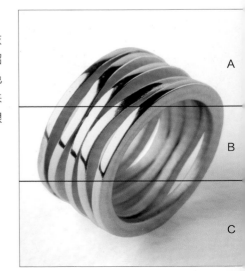

银色与底色的相互作用

　　所有的颜色都会相互影响，银灰色也会根据底色的不同呈现出冷暖色调。偏蓝的灰色在橙色底色上会比在绿色底色上看起来更蓝，因为橙色和蓝色是互补色（橙色和蓝色在色轮中处于对角线位置）；在偏蓝色或紫色的底色上会看起来更暖（蓝色与橙色为互补色，紫色与黄色为互补色）。在选择纸张的颜色时，要仔细考虑纸色对色彩的影响。

银色在白色底色上显得格外突出，灰色的明暗对比更强烈，这是因为光线对周围环境的影响大于对首饰的影响。

银色在中等灰色的底色上找到光线和色彩的平衡。在这里可以找到最亮的值和最暗的值；另外，颜色变得柔和，与底色非常和谐。

在黑色的底色下，银色更加明亮，色彩鲜艳，但不够和谐。

请注意这五个非常不同的灰色底色。它们是电脑生成的图片。看看银灰色是如何根据底色而产生冷暖变化的，有时甚至看起来像另一种金属。

金质的色彩

1
2
3

抛光金质表面

9
3
6

哑光金质表面

丹尼尔·维奥尔，哑光和
抛光的戒指，1997

金色基本上是黄色的，但并不是所有的黄色都能表现它。在所有的黄色中（柠黄、镉黄、鹅黄等），最适合的是赭石，它来自于氧化铁，是一种有着黄色泥土色调的矿物质，与白色混合会变亮。至于人造金属色（旧金、哑光金、闪金等），与银色的标准相同。如果是故意寻求人造效果，它们也可一试。

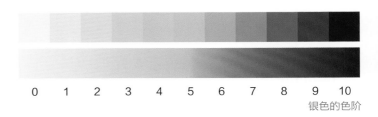

0　1　2　3　4　5　6　7　8　9　10

银色的色阶

金色的色阶

随着金色亮度的变化，色调也会产生变化。暗色调会偏向青褐色而非红色，中等色调是黄赭色，亮色调则比别的更偏黄，包括一点纯黄色（柠黄或浅镉黄），但始终保留着赭石的泥土色调。最亮的金色不是纯白色，而是极浅的黄色。

金质的色相

在色轮上，橙色与绿色之间隔着黄色，这表明金色会有两种色彩倾向：绿色或褐色。使用这种颜色也很有风险，因为在两种情形下，金色似乎不像金色，而是变成了木材、白铁皮或者铜。另一个危险是使用纯黄色，人造感很强，好像塑料而不是金属。当使用偏红或偏绿的金色或其他色相的金色绘制首饰时，必须将其色相与特定的作品相结合来考虑。

A
B
C

三种不同色相的金色：偏绿（A）、中性（B）和偏棕褐（C）。

金色与底色的相互作用

由于金质的颜色是黄色，所以也要仔细考虑它与底色的相互作用。黄色的互补色是紫色，因而所有紫色底色，不论是偏蓝还是偏红，都会令画面中的黄色非常夸张，产生强烈的色相对比。如果底色偏蓝，金色就会偏绿；如果底色偏红，金色就会偏橙。这是由于视网膜所产生的减色混合处理造成的（黄+蓝=绿，黄+红=橙）。如果底色偏橙、土色或绿色，那么金色就会与底色极其相似，因为这些底色中含有黄色的成分。

金色在白色底色上会变暗，与其本色背道而驰。阴影会显得有点脏，光泽度也不够。

金色适合灰色底色，不过如果是中性灰色，它看起来会很温暖，这是因为色彩间的相互作用，灰色会冷却，而金色会变暖。

金色在黑色底色上的效果非常好，自身的光线充足，色调也没有发生变化。但由于对比过于强烈，画面有点生硬。

请注意金色是如何随着底色的变化而变化的。底色越不鲜艳，金色就越自然。

彩色铅笔:

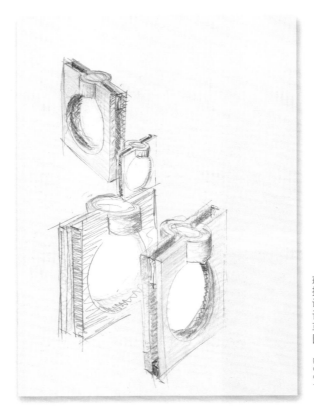

拉蒙·奥里奥尔,
戒指设计草图,2001

排线法与描影法

    彩色铅笔是绘制彩色首饰的最便捷的工具。其便捷性表现在既不需要水或调色板，也不需要笔刷或抹布，它们的颜色足够丰富。市售的品类繁多，足够胜任任何效果图。彩色铅笔还有多种硬度供选择。使用彩色铅笔的两种方法是排线法和描影法。第一种方法是按照一定的角度画平行线，逐层的画。第二种是用柔和的笔触画出蒙眬的色块，不留痕迹。硬度大的铅笔非常适合排线，尤其是轮廓线。较软的铅笔适合描影，不会产生痕迹。无论哪种情况，都不应用力过大，而应使笔尖保有笔锋。

金银的色调

彩色铅笔要轻轻地逐层绘制。虽然它们是通过透明度和视网膜混合原理产生变化的，但是最明显的仍然是最后一层颜色。明白这一点，就能想到最终的色彩会因为用色顺序的不同而不同。这种媒介不只有银色和金色，而会因明暗变化会产生多种色相。每种色调都要转化成具体的色阶值，这样就可以在明暗范围内讨论金银的色调了。第一步便是为这两种颜色设定色阶。

1. 第一层颜色最亮，由最亮区域的暖灰色和最暗区域的冷灰色组合而成。笔触要平行统一。

2. 在第二层轻柔均匀地涂一层中等冷灰色。

3&4&5. 在以下几层中，会逐步加入深色，尽量不要碰到浅色区域，点缀冷暖色调来平衡和丰富画面。

金银色很难精确调整，但可以根据排线或阴影处理对画面进行个性化的处理。

1. 金色的第一层也大体上分成明暗部分。受光区域使用纯黄色而不是柠黄，下笔不要太用力；阴影区域，用冷灰色作为底色来中和黄色，为阴影部分的金色加入一些绿色调。

2. 第二层是让金色均匀一点。用一般方式添加金属的自然色调：使用偏黄的明亮赭石色（有的赭石偏棕褐色，不适合表现浅色）。

3&4&5. 下面几层从亮到暗，从偏橘色的赭石到深棕色阴影，注意控制阴影区域，不要弄脏受光区。避免偏红、巧克力色调的棕色和棕黑色，而应该选择类似土色或自然的更偏绿的色调。

这一部分将会介绍用彩色铅笔绘制的四幅图。前两个是由卡米·埃斯特瓦设计的哑光版和抛光版的银托盘；第三个例子是由安娜·冈萨雷斯设计的几枚哑光金坠饰；最后是马里贝尔·奇瓦设计的一枚抛光金戒指。

四幅彩色铅笔图

哑光银托盘

这幅图纸选用的是安格尔纸，其纸面有利于表现均匀的、单色的画面。由于哑光面不产生反射，所以画面很柔和，为了衬托出物体的柔和，绘制了色彩明亮和富有表现力的线条来作为背景。为使物品与背景和谐相融，两者要同时绘制，将背景的一些色彩融入到物品上。将托盘的黑暗部分呈现出柔和的橙色调，如此，物品就与背景和谐地统一在了一起。

1和2表现亮色，
3和4表现暗色。

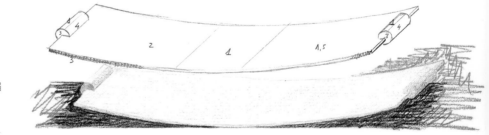

标注色彩的编号并起稿。

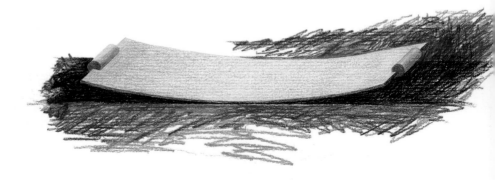

最终效果图

抛光银托盘

这幅图的用纸很光滑，这样阴影就不会出现纹理，可以很好地诠释抛光的金属表面的质感。为了最大程度地表现反射，增加真实感，将一支红色的铅笔放在托盘上。红色最大程度地衬托出金属的冰冷感，就像前例中的哑光银托盘一样。请注意，铅笔与托盘之间的反射、光线、阴影，以及色彩之间的对比，这些增强了抛光金属上的镜面效果。

首饰图的尺幅一般都比较小，因此不宜使用绒布或织物在纸面上混合颜色，它们会把画面弄脏，甚至形成突兀的模糊区域。最好轻柔地用同一只铅笔混合颜色。

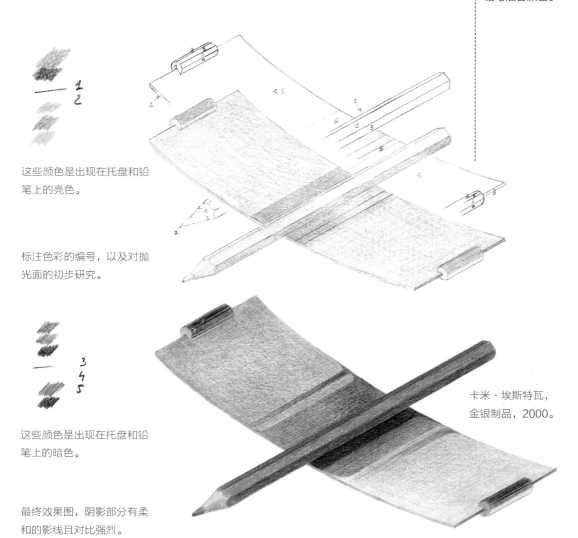

这些颜色是出现在托盘和铅笔上的亮色。

标注色彩的编号，以及对抛光面的初步研究。

这些颜色是出现在托盘和铅笔上的暗色。

卡米·埃斯特瓦，金银制品，2000。

最终效果图，阴影部分有柔和的影线且对比强烈。

哑光金耳坠

　　这幅图是画在蓝色的康颂纸上的。蓝色是种活泼的颜色，与黄色调的金饰品一起可能会产生过度对比。在图纸上，首饰周围的两种不同蓝色的表现性笔触产生了强烈的反差。通过这种方式，画面的视觉语言充满了活力和表现力，又不失稳重。蓝色也会对黄色产生影响，它会让黄色比实际更黄更亮。因此，建议在受光区和阴影区加入一点大地色中和一下。

1&2. 白色是光的底色，在此基础上添加其他颜色。因此，一开始就要用白色画出轮廓和柔和的阴影。

3&4. 黄金的基础色是黄色。如果没有白色做底色，这个黄色就会偏绿，因为蓝色的纸与黄色叠加会产生视网膜混色。用大地色调调整光线和阴影，以避免过度使用黄色。

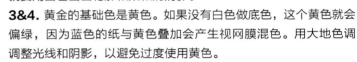

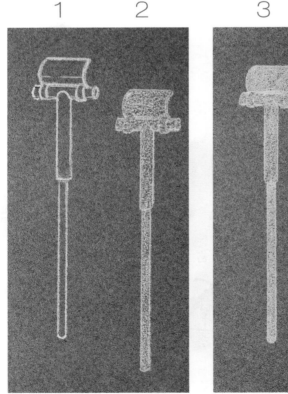

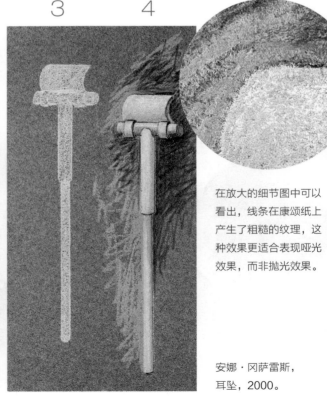

在放大的细节图中可以看出，线条在康颂纸上产生了粗糙的纹理，这种效果更适合表现哑光效果，而非抛光效果。

安娜·冈萨雷斯，
耳坠，2000。

抛光金戒指

　　这幅图纸同样使用了有底色的纸张，只是这次是中性色，它可以使首饰更好地与背景融合，而不至于对比太强烈，但中性色会令金色显得灰暗或呈棕褐色。为了避免这种情况的发生，可以使用黄色代替赭石，并加大黄色的用量。无论如何，这些颜色组合为色彩和明暗对比的视觉和谐提供了一定的保证。

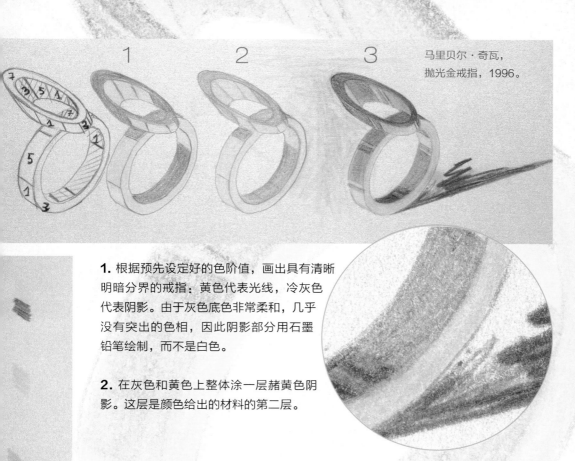

马里贝尔·奇瓦，
抛光金戒指，1996。

1. 根据预先设定好的色阶值，画出具有清晰明暗分界的戒指：黄色代表光线，冷灰色代表阴影。由于灰色底色非常柔和，几乎没有突出的色相，因此阴影部分用石墨铅笔绘制，而不是白色。

2. 在灰色和黄色上整体涂一层赭黄色阴影。这层是颜色给出的材料的第二层。

潘通彩纸的表面很光滑，
适合表现抛光效果。

3. 最后，使用大地色和两种不同的暗灰色来调整光线和阴影，一冷一暖。暖灰色用于戒指的强烈的阴影，而冷灰色主要是用于表现投影。

彩墨：

何塞普·亚松森，
索尼娅·塞拉诺设计的手镯，
彩墨绘制，1997

亮度和透明度

　　这种绘画媒介的主要特性是：透明度很高，透光性也很强。这种透明度意味着必须使用白色作为底色，否则底色会完全改变彩墨的颜色。彩墨是液体，浅色是用水稀释得到的，从而纸张的白色会穿过墨色透出来，并提亮它。如果想要加深某种颜色，加入互补色即可，即在色轮上位于对角线位置的颜色（黄色-紫色，橙色-蓝色，绿色-红色），或者直接添加黑色（不推荐）。可供使用的颜色与金色和银色相似，但下一部分将介绍如何用三原色（柠黄、洋红和青色）来调配颜色。

银色调：暖灰色和冷灰色

　　三原色混合能够得到黑色。按照这个方法，也可以得到银色，即灰色。如果直接使用颜料瓶里的黑色，只需加水稀释即可得到灰色，但这种灰色太过中性，而缺乏色彩的活力。所以，最好是使用三原色进行调配，并不断调整，直到获得冷色调的灰色为止。

三原色混合之后是黑色。但由于墨水的浓度不高，这种黑色实际上是深灰色。

1. 在一个单独的小瓶中，混入相同比例的三原色，调配出银色。可以使用滴管以保证准确的比例。

2. 充分均匀地混合颜色。由于三原色不能均匀混合，因此黄色的比例要比青色或洋红色高一些。

3. 在一张纸上做测试，直到调配出令人满意的颜色为止。为了看得更清楚，可以用水稀释一下。颜色变浅，色相就会显露出来，不过要等到完全干透才会显现准确。

灰色色阶

  通过混合三原色能够获得银灰色的完整色阶，从最浅的白灰色到接近黑色的深灰都可以得到。虽然最初的灰色号称黑色，但由于其透明性，所以看起来是深灰色。因此，想要得到浓烈的黑色，就需要不断叠加相同的银灰色，减弱其透明度。至于亮色调，颜料必须用水稀释，鉴于是湿法混合调色，所以最好等待干燥后再做后续操作。墨水的透明性使我们可以在浅色上层层叠加，而无需担心变回最初的深色调。

为了使颜色充分融合，请先润湿介质表面再快速涂色，充分利用介质的湿润度。否则，笔触会干燥并在边缘留下明显的边界。

1. 趁颜料未干，将银色调稀释至白色。

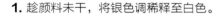

2. 用水将银色调稀释至白色，并单独涂抹每块色调。

3. 通过叠加非常浅的银色调获得从明到暗的过渡。

4. 用三原色混合而成的银色调逐渐过渡，直到黑色。

金色调：浅金色和暗金色

在黄色中加入一点青蓝和一点品红可以得到金色，调整这两种颜色的比例，避免黄色偏绿或偏橙，而是显现一种大地色系的赭石色。金色有两种色调：浅金色和暗金色。假如只存在一种金色的话，那自然是浅金色：浅黄褐色是金质的自然色泽。但在每次调暗时，应小心避免颜色变为绿色、棕色或脏脏的灰色。另外，如果从一种暗金色起笔，每次用水稀释它减淡它，其最终结果都会是同样的暗色调，只不过更加晦暗，一种奶油色，而不是黄色。

通过调整纯净的三原色（柠黄、品红和青蓝）混合的比例，就能得到所需的金色调。

1

1. 用滴管添加少量的品红和青蓝，注意不能过量，以避免黄色变得过于暗沉。

2. 最后得到了两种色调的金色：浅金色和暗金色，将它们放置在不同的容器中。

2

3

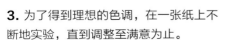

3. 为了得到理想的色调，在一张纸上不断地实验，直到调整至满意为止。

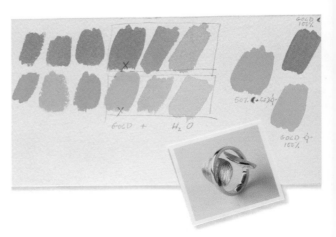

金色色阶

    为了避免金色过于单调，最好准备两种基础色。浅金色比暗金色所含的黄色更多，于是更加活泼、明亮，而暗金色则更接近大地色。为了获得完整的金色色阶，将两种基础色以不同比例混合，便能得到中间的过渡色。

如果混合色中蓝色过多，金色就会偏绿；如果品红过多，金色就会偏橙。这两类种情况都要避免产生。

1

1. 与水混合，浅金色（A）会接近白色。

2

2. 如果用水稀释暗金色（B），其结果就是太过接近土色或橙色，以至于无法表现浅色调。

3

3. 从暗金色到白色要经过浅金色，并通过加水产生非常苍白的黄色。

4. 金色的完整色阶包含在中间混合的两种色调（A+B）。另外，通过在干燥的颜色上叠加暗色图层（2B、3B），就能得到更暗的色调。

4

5. 比较两种基础色（A和B），并注意两者成分中的黄色的差别。

5

四种彩墨草图

接着，我们用彩墨来表现四种截然不同的首饰。前两件是双指戒，一件是抛光的，一件是哑光的。第一枚戒指由阿曼达·弗兰奇设计于2000年，第二枚为贝内特·洛兰迪设计于2002年。其他两件作品是由劳拉·维拉于2002年设计的哑光银项链，以及最后一件是索尼娅·塞拉诺设计于1995年的"勿忘我"手镯。

分层表现抛光双指戒

不建议在潮湿的材质上表现抛光效果，因为无法形成强烈的明暗对比。为了表现出明确、清爽且对比强烈的区块，分层绘制至关重要，要等一层干透后再涂另一层。这个过程需要足够的耐心和精准度，请使用00、0或1号的细笔完成。纸张的吸水性要强，平滑无颗粒，可以精确地表现轮廓。

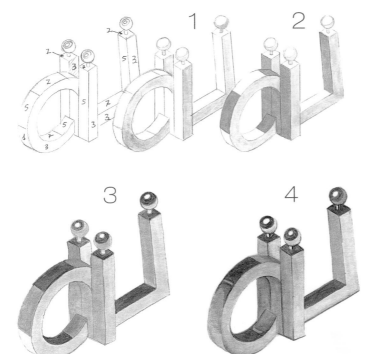

1. 在初步草图上用数字标注色阶值，利用两个主色调的明暗建立体积。

2. 接着画出暗部反射的深色调。

3. 接下来，用逻辑分析首饰的形状，进而确定深色调的分布。

4. 最后，用最细的画笔点缀出深色轮廓，笔尖蘸的墨水要少，以防止墨水囤积。再用一些白色水粉点出反光点。

阿曼达·弗兰奇，戒指草图，2000。

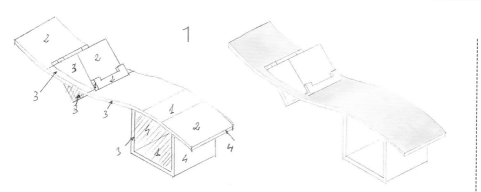

分层表现哑光双指戒

　　哑光金属的表现方式与抛光金属截然不同。它需要表现出柔感，因此阴影和着色必须快速进行，在潮湿的纸面上混合颜色，以防止画面中出现生硬的过渡。这里要用到最粗的笔刷，它能够储存更多的水分和墨汁，从而形成流畅的过渡效果，并隐藏线条。最后，用最细的画笔勾勒轮廓，蘸墨要非常少，以防墨水流淌。

在墨水还未干透时，用笔刷蘸水能够"擦掉"部分色彩，然后用纸巾吸走多余的水分。如果遵循从明到暗的分层表现法，则可以在后期用深色掩盖瑕疵。

1. 首先，用铅笔轻柔地画出轮廓线，用力一定要轻，因为墨水的遮盖力不太够。首先表现的是受光面，在纸面潮湿时用中等笔刷画出过渡效果。

2. 接着画首饰的中间色调，因为绘图面积十分有限，所以细笔绘制轮廓。

3. 最后，润饰色调，调整明暗对比，对比不要过于强烈，否则会产生抛光的效果。

贝内特·洛兰迪，黄铁戒指图，2002。

彩墨和铅笔表现哑光银链

通过叠加相同的色调可以塑造出部件的体积。从亮部开始，耐心地叠加层次，为首饰添加色调和阴影。图中的链子就是按照此法完成的，并在最后用HB自动铅笔修饰了一下阴影。时间因素在这项技法中至关重要。建议不要着急，静待墨水干燥。

没有过多细节，用墨水表现明暗和轻松的铅笔线条绘制的初步草图。

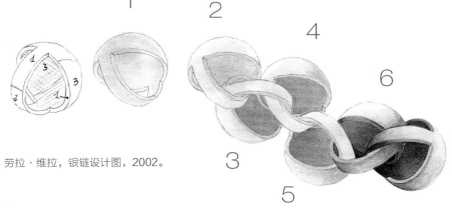

墨水和铅笔的组合是常用的表现珠宝效果图的方法，它们有助于刻画细节和为画面增添个性。

劳拉·维拉，银链设计图，2002。

1. 首先，涂一层均匀的非常浅的水彩，它不会令最终画面太暗。
2. 第一层干燥后，在最暗的区域添加第二层。

3&4&5. 慢慢推进下面的图层，直到得到最暗的色调为止。
6. 用非常细的画笔涂抹多层并用铅笔进行最后修饰，图纸完成。

彩墨和铅笔表现抛光金手镯

　　这幅图结合使用了两种配合完美的工具：彩墨和彩色铅笔。彩墨为画面带来均匀、清爽、明亮的色泽，而彩色铅笔则提供了精确、细致和刻画纹理的影线。

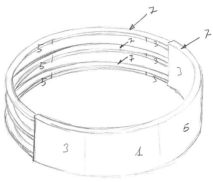

为手镯色阶编号。鉴于这是抛光金属，所以其号码很跳跃：1、3、5、7。

1. 用浅金色彩墨画出最亮的区域；用深色调画出阴影区域，并用两者混合得到的中间色填充过渡区域。

2. 彩色铅笔可以用来勾勒轮廓，增加深色的强度，并强调反射的对比度。还可以在手镯上雕刻上名字，让它真正成为一只"勿忘我"手镯。

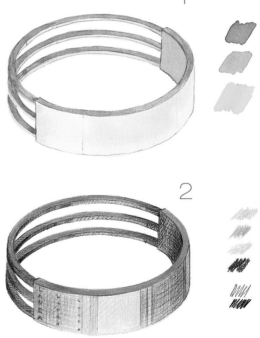

索尼娅·塞拉诺，手镯效果图，1992。

水粉：

何塞普·亚松森，奥纳·蔡特设计于 2002 年的银和甲基丙烯酸酯戒指，水粉绘制

遮盖力与对比度

　　表现珠宝最传神的媒介是水粉。这是一种用水稀释的颜料，由色素和黏合剂组成。它比水彩颜料更加浓稠，因此其遮盖力很强。其不透光性决定了它在彩纸上的效果很理想。尽管它被水稀释后的效果与水彩很像，但如果想要色彩分明，则不建议这样使用它。水粉与其他媒介混合使用的效果也很完美：先从水粉入手，然后用石墨铅笔和彩色铅笔添加线性笔触和小细节。

水粉调制的浅金色和暗金色。

金银色调

用彩墨调配金银色调的步骤与之前介绍的方法是完全一致的。银色是将三原色等比混合而得到的，但考虑到柠黄非常明亮，且其着色力比品红和青蓝弱，因此，在混合时要加入稍多一点的柠黄。而金色也需要调配深浅两种色调，混合物中的黄色比例较高。浅金色中的黄色成分更多。由于颜料很浓稠，不便使用滴管，可以用调色刀或者抹刀。提前调制好大量的金银色，放在密封容器中，以备不时之需。

不断尝试最终得到两种满意的色调。对于金色来说，要避免偏绿或偏红。混合一点白色来查看，更容易看出有无偏色。

左边是从深到浅的金色色阶。在明与暗之间，通过混合这两种色调可以得到中间色调。在浅金色中不断加入白色，直至获得最亮的金色。

如果想要得到更深的金色，则加入少量的银灰色即可。

要得到精确的银灰色并非易事，颜料剂量的些微变化都有可能偏色。因此，建议先用少量的水粉单独实验，一旦得到理想的颜色，再制作更多并保存在密封容器中，注意在制作的过程中要不断与前面的理想结果作比较。水粉颜料质地较厚，需要彻底地混合，否则干燥后很容易发生分离。

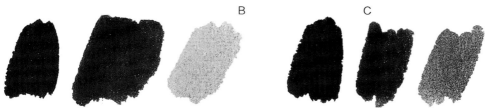

在这些测试中，根据原色的比例的差异，灰色会产生常见的偏色。如果品红过多，就会偏红或偏棕（B、D）；相反，如果品红过少，就会偏绿（A）；如果黄色过多，可以加点紫色（青蓝加品红）来中和。而从黑色调配出的灰色（C）则太过中性了。

备用的灰色和白色。

从灰到白的银色色阶。通过加入白色使颜色变浅接近白色，不要用水稀释，这样会使颜料从混合物中分离出来。

常用的范围

在纯黑到纯白的完整色阶中，常用的是较亮的部分。这种净度是观者辨别银质而不是另一种金属的关键。

水粉很黏稠，不适合表现渐变，即使被很好地稀释，也不宜采用湿画法，因为颜料会被分离从而变得不均匀。鉴于此，不建议用它来表现哑光质感的首饰。相反，它非常适合表现抛光效果，其色块平整、遮盖力强、轮廓分明。

彩铅勾勒、水粉上色的银链

颜料的浓稠度是必须控制的重要因素。在混合颜料中掺入适量的水，使之薄稠适度，上色流畅又不至于从笔刷上滴落。不宜过度、反复涂抹，因为颜料干得很快，在已干燥的区域再次涂色不会发生混合。

水粉与其他媒介混合使用

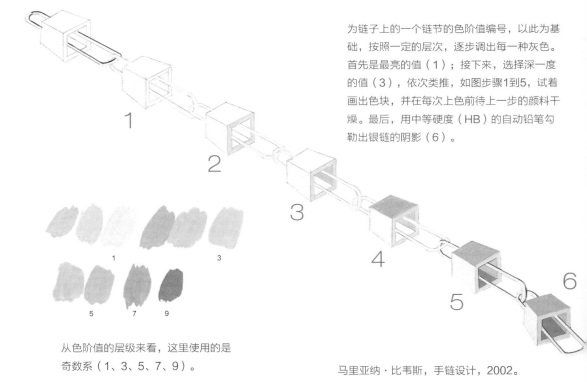

为链子上的一个链节的色阶值编号，以此为基础，按照一定的层次，逐步调出每一种灰色。首先是最亮的值（1）；接下来，选择深一度的值（3），依次类推，如图步骤1到5，试着画出色块，并在每次上色前待上一步的颜料干燥。最后，用中等硬度（HB）的自动铅笔勾勒出银链的阴影（6）。

从色阶值的层级来看，这里使用的是奇数系（1、3、5、7、9）。

马里亚纳·比韦斯，手链设计，2002。

水粉和铅笔表现的三枚银戒指

    水粉平整的笔触将首饰与纸张之间的空间感拉开，甚至感觉首饰是从另一张纸上沿轮廓裁剪下来拼贴在现有的背景上的。石墨铅笔作为一种干燥的、适合画线的媒材很适合在这里使用，就像前例中的链子一样，将背景中的物体充实并整合在一起。

保拉·罗德里格斯，
戒指设计图，2001。

这是一枚画在歌乐白色哑光纸上的戒指，背景为蓝色水粉，留一些白以打破单调。然后，用HB和2H铅笔绘制线条，模拟带纹理的地平面，并在背景周围随意画一些框线。

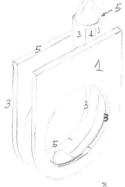

尤拉莉亚·阿提加斯，
宝石戒指设计图，2000。

在这幅图中，水粉绘制的几何感十足的戒指与HB和4B铅笔绘制的潦草的背景线条形成了一组有趣的视觉对话。

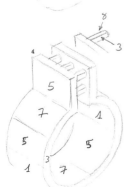

伊莎贝尔·卡萨马约，
戒指设计图，2002。

这枚戒指是画在彩色康颂纸上的，为了使背景和首饰更好地融合，使用水粉和铅笔线条绘制戒指的投影。

水粉和彩色铅笔表现的三枚金戒指

彩色铅笔用线条表现纹理，同时通过色彩使首饰与背景更好地相融，反之亦然。表现黄金更适合使用彩色铅笔，而非石墨铅笔，因为后者又灰又冷，更适合表现银质。石墨与黄金色调的结合人造感很强。

艾米利亚·伊格莱西亚斯，
戒指设计图，2000。

马里贝尔·奇瓦，
戒指设计图，1997。

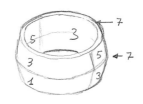

索尼娅·塞拉诺，
戒指设计图，1995。

在彩色康颂纸上画几条简单的白色线条。这样，背景就会显得较柔和、更有表现力。有了操作方式，就需要增添更多强烈的区域来打破沉闷。

这枚戒指是用水粉画在平滑的白纸上的，但是背景已经用不同颜色的彩铅线条点缀。线条的颜色在观者的视线中混合，生成最终色彩。

再生纸是一种非常具有表现力的介质，手工制作的纸张或具异国情调的纤维也是如此。这张图纸画在再生纸上。背景中涂有稀释好的水粉颜料，最后用彩铅和石墨铅笔加以润饰塑造出字母的浮雕效果。

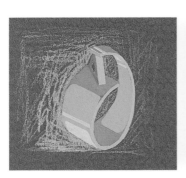

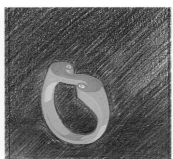

水粉、彩墨和铅笔绘制的铝钢手镯

　　诸如阳极氧化铝或本例中的手镯所使用的钢等其他金属，都需要对颜色进行特别的研究，以及寻找理想的方法或最佳方法组合。为此，建议使用水粉、彩墨、彩色铅笔等进行试验，直到效果满意为止。要想绘制这款手镯，需要先尝试所有这些媒介，最后，根据想要表现的材质将它们结合起来使用。

特里萨·卡萨诺瓦斯，钢和阳极氧化铝手镯，1993。

为了表现阳极氧化铝，需要进行各种测试：彩墨上叠加彩色铅笔（A），用软笔触将彩墨叠加在水粉上（B），以及同法叠加水粉在彩墨上（C）。

A

B

C

最后，决定以如下的方式表现阳极氧化铝：在彩墨上使用彩色铅笔，创造出柔滑的质感。接着，用笔刷涂上水粉，在还未干燥的时候用笔刷尖不加任何颜料的轻刷。有些区域的最后一层水粉已经是这种效果了。

D

E

F

使用水粉和石墨铅笔绘制钢手镯。手镯的周围有一些划痕样的笔触，有利于手镯与背景更好地融合。在最终的效果图中，阳极氧化铝被表现为铜色。

为了得到阳极氧化金属的铜色，用彩墨（D）、水粉（E）和彩色铅笔（F）进行了各种尝试。这些颜色是在表现手镯的过程中，会应用到每种媒介中的（墨水+铅笔+水粉颜料）。

宝石和
其他材料

再往前走。一个由20米长的钻石组成的人造湖，沉入沙中，这似乎是溜冰的绝佳去处。目之所及，是一大片方解石建的空中宫殿、铂青铜或是黄水晶造的塔楼和钟楼。我们的眼睛已经被这繁多的宏伟弄得疲惫不堪，不再去看了。

—— 儒勒·凡尔纳，《南方之星》

透明宝石：多面结构

　　我们通常是利用颜色、光泽和透明度来辨别宝石的，但这依赖于切割的工艺。通常，切割由三部分组成，即冠面、亭部和连接两者的腰部。想要绘制这种多面体，需要使用散点透视法，因为它不会让物体的正面变形。

如何表现切面

　　选取三种不同的切割方法为例：无亭部的荷兰切割、正方形切割和明亮型切割。简便的绘制宝石透视图的方法是：以散点透视分别绘制宝石的两半，然后重叠腰部将两者拼合在一起。若要绘制冠面的前半部分，先从正视图开始（图中用蓝色表示），以向前45°方向画线，在线上标出相应高度的各个刻面之间的连接点。要绘制宝石的后半部分，同样地向后45°方向画线，画出其下部的正视图（图中用红色表示），并将其下部各个面相连。最后，将这两幅图重叠放置，使其腰部重合（图中用黑色表示），然后描绘出最终的效果图。建议在描图纸上或灯箱上完成这一过程。

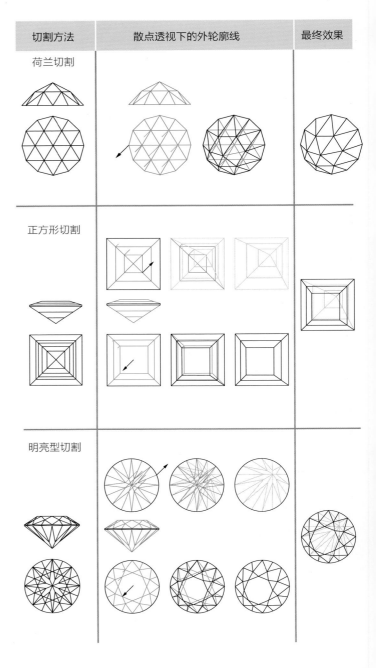

切割方法	散点透视下的外轮廓线	最终效果
荷兰切割		
正方形切割		
明亮型切割		

如何诠释明暗和光芒

这个通用图将作为其他切割的起点。

第一步，确定台面的轮廓形，它是位于冠部的中心刻面。接下来，用对角线将宝石一分两半，根据刻面自由调整，然后确定哪一半是亮部，哪一半是暗部。在上面的通用图中，亮区的暗刻面占比较小，而暗部的亮刻面占比较小。明暗值是相对而言的，这取决于阴影中的刻面数量。在绘图之前，最好用铅笔先在线性图上练习一下，这个线性图可以是最终透视图的复印件，将各个刻面编号，以避免相邻数值重复。

如何简化切面

由于宝石通常都很小，所以用缩小比例的散点透视图无法说明这种方法，而1:1的比例也无法呈现宝石的细节层次。常见的做法是使用大一些的比例尺，如2:1、3:1等。画完透视图后，就可以使用缩印法。不过，这种方法是有局限的。如果缩小过度，如本页图中所示（从20毫米到2毫米），高度微小的细节将无法呈现。这时可以使用一种简化切割的系统。

这种简化包括在不改变对角轴的情况下减少刻面的数量，将一个刻面确定为光线完全照射到的面，然后给宝石添加整体的明暗规划。正方形切割被简化为四个在正反处发光的三角形，而在通用图中和很小的情况下，在中心有一个发光的方块型箭头。钻石切割简化为一个在渐暗的圆圈内部发光的八角星小面，在极小的情况下，表现为中灰色的圆圈内一个有中心点的白色六角星。

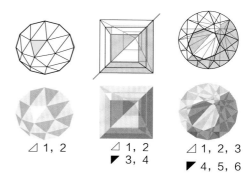

荷兰切割、正方形切割和明亮型切割的明暗模型

从20毫米到2毫米的切面缩减。从一个特定的缩小尺寸上不能确定小面的数量。

真实比例的宝石简化图。

放大正方形切割和明亮型切割的简化图。

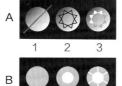

根据两种不同的测量方法（A和B），放大了明亮型切割的最简化表现方法。

明亮型切割的简化方法：
1. 画底色。
2. 画出台面和星刻面。
3. 用两种色调表示各刻面的色值。

透明宝石的颜色

　　根据吸收和反射的光线不同，每块宝石都有特殊的色彩，各个面呈现出不同的明度。用不同配比的三原色调配出宝石的大体色彩，再微调至满意。接着，在上色之前先做一个单独的小规划，将色值与单色或数值计划一一对应。基本规则是：要使特定色彩变暗，可以采用叠加图层或加入互补色的方法；要使色彩变亮，则可以加水稀释。

埃斯特尔·洛佩兹，
宝石戒指设计图，2002。

两点透视戒指效果图，宝石位于戒圈的最前端。此时，为了遵循镶嵌宝石的视觉逻辑，只表现宝石的厚度，台面偏离中心，朝向右下方。

散点透视最适合表现珠宝。这幅图简化了宝石的切面，将宝石表现为多种红色的六个小面和一个六角台面。

俯视视角的两点透视图将宝石置于倾斜平面上，该透视图的三个平面都呈现出相同的视觉比例。蓝宝石的表现，较之前的细节、色泽更丰富。这种尺寸的宝石仍然有发挥表现切割技巧的空间。

放大的效果图有助于展示宝石的所有刻面。这件明亮型切割图是用水粉和彩铅画在深色康颂纸上的。深色背景能衬托出宝石的光泽。

真实比例的明亮型切割简化图。

为了看得更加清楚，放大了绘制明亮型切割简化图的过程。

尝试绘制真实比例的最简化的明亮型切割。这种尺寸不可能作任何更多的展示。

前图明亮型切割的局部放大图。如图所示，这是灰色圆圈内的简化的白色星星。

彩墨可以完美地表现透明度。每个刻面的颜色都要均匀。所绘制的宝石的透明度会令从亭部开始贯穿冠部的各个刻面发生光学叠加，从而创造出无数刻面反射。

索尼娅·塞拉诺，
镶钻戒指设计图，1995。

如果钻石太小，如本例中所示，可以用白水粉和极细的笔刷画出宝石最明亮的颜色的小圆圈，然后用削尖的铅笔在上面画一个小箭头表示钻石的火彩。

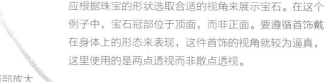

胡安·卡洛斯·李，吊坠设计图，2002。

应根据珠宝的形状选取合适的视角来展示宝石。在这个例子中，宝石冠部位于顶面，而非正面。要遵循首饰戴在身体上的形态来表现，这件首饰的视角就较为逼真，这里使用的是两点透视而非散点透视。

不透明宝石的表现方法

不透明宝石的主要特点是不透明、有颜色、有脉纹。这是一种基础的装饰处理，色彩和笔刷的应用取决于宝石本身。就脉纹而言，不透明宝石大致分为两类：一类是有规则的线性脉纹；另一类是表现力强的不规则脉纹，如斑点、云絮和不规则线条。在绘图时，要及时确认画面是否已干燥，再进行下一步的绘制，如果要综合混合，或者想要得到干净的对比效果，则需要干燥。宝石的形状取决于切割工艺，其光泽依附于形态，并为理解形态提供颜色和细节。

如何表现切割

有两种主要的切割方式：凸圆面切割和扁平切割。想要表现它们，可以使用与绘制透明宝石一样的有完整正视图的散点透视法。凸圆面切割能给予有或无刻面的曲线切面。扁平形具有完全平整且平行的表面。为了表现切割方式，形状朝前方45°绘制。将相应的高度连接起来，绘制出代表切割的曲线，无论是凸面还是平面。

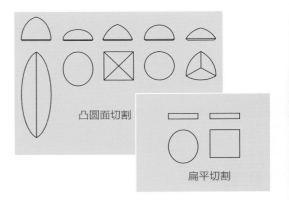

凸圆面切割

扁平切割

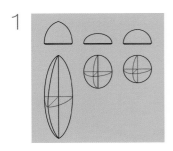

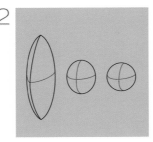

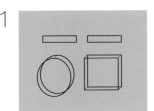

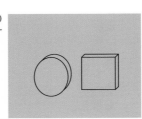

1. 在图纸上，在前面的位置绘制结构，以便表现其厚度。对于凸圆面切割来说，这种结构由确定中心的轴决定。从中心出发，正视图朝前提升45°。对于扁平切割，以同样的方法作出厚度，但不同的是要从轮廓线开始。如果是凸圆面切割，则在该正视图上透视地画出轴线；如果是扁平切割则画出移位的轮廓。

2. 当宝石的正视图完全确定好，保持轴的透视；在绘图的最后阶段，会把高光点放在这里或者新的边缘上。

如何诠释光泽和颜色

在单一光源的情况下，光泽可以表现为点或线，请小心克制地运用这些元素。其形状要与切割方式相契合，这样才能够准确地捕捉宝石形态。它们分布在边缘或大部分的镶嵌处。在扁平面上，它们位于边缘、弧面上、上象限等光照处。根据首饰的质地和打磨方式，将光泽逼真地呈现出来。

色彩可以均匀，也可以有脉纹，为了足够精确地诠释宝石的对比和色调，需要好好地利用装饰资源。高品质的装饰效果不在于复制，而是要传递出宝石的色彩和纹理感：脉纹的类型、色彩对比等等。这种装饰工作的理想媒介取决于石材的不透明度，不同的媒介组合可用于表现同一件作品。

切割形状（A）
光泽形状（B）
界限分明的和不透明色调（C）
融合色调，乳白色和扩散开（D）

孔雀石的色彩测试。做这些测试是为了找到石材中的所有颜色，将它们放置在一起来检查统一的色彩效果。

在一个简单光源下观察宝石，是了解把握体积和光泽的最好方法。

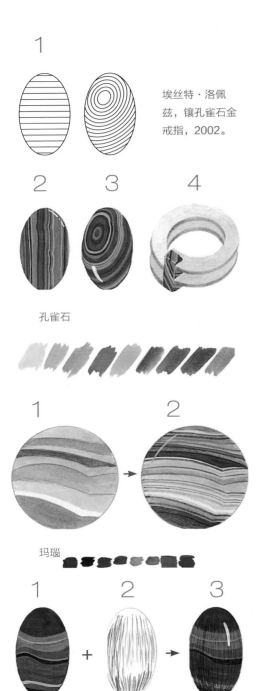

埃丝特·洛佩兹，镶孔雀石金戒指，2002。

孔雀石

玛瑙

虎眼石

线性脉纹宝石

规则脉纹的宝石需要认真做一些有关脉纹构造和色彩的前期研究。线条要与宝石的切割相吻合。

孔雀石

孔雀石的脉纹十分规则，不等距的平行纹理，相同色系的绿色。可以使用水粉来表现它。

1. 依循扁平切割和凸圆面切割绘制线性脉纹的结构，切割的形状也随之呈现出来。

2. 扁平表面上的脉纹基本是平行线，线条有些微波动。

3. 凸圆面上的脉纹是同心曲线，有轮廓清晰的光泽区。

4. 这枚戒指是基于两点透视法绘制的，可以看出宝石的脉纹是如何随着切割的形状而变化的。

玛瑙

这是一枚扁平切割的青白色玛瑙。它稍微有点透，于是我们用彩墨混合大量稀释的白色水粉赋予它一种乳白色调。

1. 首先，在主要区域画出宽色带。

2. 在这些色带上，用相同的颜色勾勒出脉纹，给出更多细节。有些地方是透明的，需要使用水彩来表现。

虎眼石

这种宝石不透明，因此可以用水粉来表现。而明艳活力的效果则要用彩墨表现。

1. 用水粉画出主要的波状脉纹，宝石上出现的颜色都要画出来。

2. 在此基础上，用彩墨沿垂直方向画出略微有弧度的线条，这样水平条纹就显露出来，产生出这种宝石所特有的线性振动脉纹。在白色底色上观察该步骤的示范。

3. 最终效果是前面两步的叠加。注意轮廓清晰的光泽区是不透明的。

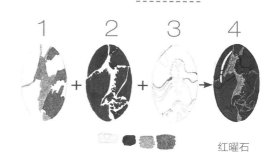

红曜石

不规则脉纹宝石

绘制有装饰效果的不规则脉纹，需要有丰富的想象力，它们有云絮状、线状、点状和涂鸦状等等。要应对这一挑战需要结合使用多种工具。

红曜石

它的绘制过程要混合三次水粉和彩墨。由于脉纹不均匀，所以需要创造出不同层次的色彩。

1. 先用彩墨画出透明的脉纹，将颜色均匀地涂抹在确定的区域中做底色。

2. 接着用水粉覆盖宝石剩余的部分，留一些白，这样脉纹的颜色就会从下面透上来。

3&4. 最后，回到用细线和点画脉纹，第一批图的上栅层用墨水和水粉绘制。彩墨是透明的，所以会因底色的不同而有变化。

青金石

这种宝石有两种装饰效果：一种是方解石白斑，另一种是黄铁矿洒金。这些都是用水粉和金漆来表现的。

1. 底色是浓烈的蓝色，均匀且厚重。

2. 在底色还未干燥的时候，小面积涂一些蓝白水粉，用牙签混合形成波状和漩涡纹。颜料一旦干透，就点上一些赭石色。

3. 最后，将蓝灰色点缀在漩涡处，用金漆点缀赭石点。

雪花黑曜石

用最细的画笔画出这种黑曜石的细纹。结合使用水粉和彩墨，结合表现透明与不透明。

1&2&3. 一起绘制两种灰色（1和2）的细线。注意干燥情况，以免色彩之间相互污染，而影响画面效果。

4. 在这些条纹的周围，运用相同节奏的横向涂抹方式涂上黑墨水。

5. 最后，在顶部重复涂一些条纹，并依循凸圆形切割画出不透明宝石的光泽区。

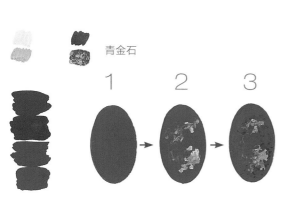

青金石

雪化黑曜石

珍珠：
柔滑表面的色彩与光泽

珍珠的种类非常丰富。每一种都有不同的颜色、亮度、形状和大小，但柔滑的表面是大部分珍珠的共同点。接下来，我们来介绍如何绘制最常见的珍珠。

绘制过程

首先，画出珍珠的轮廓，这将决定它的形态。接着找出全部的色调：暖色、冷色、珠光、灰色等倾向的白色。然后，按照这种精确的顺序上色：

1. 用白色水粉画一个圆圈。这是所有的珍珠因为柔滑表面的反光都会具有的光环。

2. 趁着圆圈还未干燥，画出中心部分，让颜料自行晕染。如果是一枚浅色的珍珠，中心区域的颜色会比珍珠的实际颜色深；若是深色的珍珠，则中心区域的颜色会比实际颜色浅。

3. 内部的水粉干燥后再画上光泽。建议绘制两到三种尺寸，不过都要符合珍珠的形状。

浅色珍珠的白色会根据不同的颜色而产生变化，但几乎不会用纯白色来表现，白色总是会有一定的色彩倾向。黑珍珠的灰色色调来自黑色与彩色的混合。请注意，无论是浅色还是深色珍珠，明与暗的位置是在中部与光晕之间的变换方式。

每种珍珠都有特有的形态和颜色。

为了控制珍珠的颜色与背景颜色的相互作用，建议在纸张上做一些色彩明暗试验。

珍珠首饰

如同任何反光物体一样，珍珠的表面也会反射周围的环境，其特殊的表面会呈现出一种漫反射的效果。这个因素可能会使其表现复杂化，所以很少有表现其反射的，假设单一光源环境，至多会增加项链上相邻珍珠的反射而已。相邻珍珠的反射是位于底部的另一个光点，临近下一颗珍珠。如果再刻画一下投射在地面上的阴影，就能使画面更加真实。这是一种在每颗珍珠旁边都有散射光的空间的阴影。

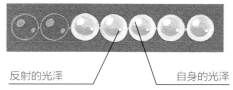

反射的光泽　　　　　　　　　　自身的光泽

玛利亚姆·庞斯，耳环设计图，2002。

镶嵌白色珍珠的金首饰示例。没有必要在珍珠的表面反射金色，因为这会令效果图变复杂。

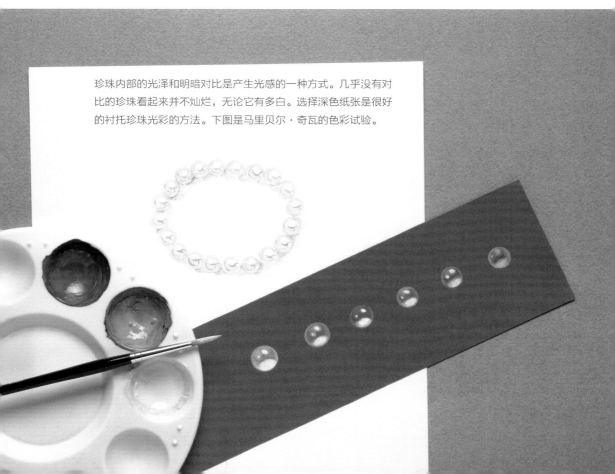

珍珠内部的光泽和明暗对比是产生光感的一种方式。几乎没有对比的珍珠看起来并不灿烂，无论它有多白。选择深色纸张是很好的衬托珍珠光彩的方法。下图是马里贝尔·奇瓦的色彩试验。

铜锈：色彩和纹理

金属的铜锈是一种装饰效果，比原本的纹理更丰富，这就是为什么它们通常用某类纹理材料来表现，如布料、干刷、海绵等等。笔触应该是自由、表现力十足的，不过妄图忠实再现金属的质感是不可能的，表现出视觉效果即可。

工具可以制作和改制成小规格；橡皮可用来标记空间或过去用喷枪上颜料的塑料胶带。

要遵循的过程非常简单：用彩墨画出金属氧化的基本颜色，用水粉调配出铜锈色。水彩干透后，用最适合的工具涂上铜锈色。

为了模拟每种铜锈的色彩纹理，可以使用已经具有特殊纹理的材料，蘸上颜料后可以印出适当的装饰痕迹。

在对铜锈进行色彩纹理处理之前，用彩墨涂抹出金属表面的颜色，看似有光线变化。

这种方法是将颜料涂在金属棉上，轻轻碰触，颜料不要太多，否则会结块。

这层铜锈需要层层覆盖。第一层就像前例一样，纸巾在表面摩擦出模糊的雾面效果；第二层是用几乎干燥的海绵蘸上极少的颜料，轻轻涂擦。

这里使用的是吸水纸巾。将其大致卷起，在画面上摩擦以获得丰富的痕迹。

铜锈基本上有两种颜色：金属的颜
色和化学作用下产生的颜色。

色彩笔记

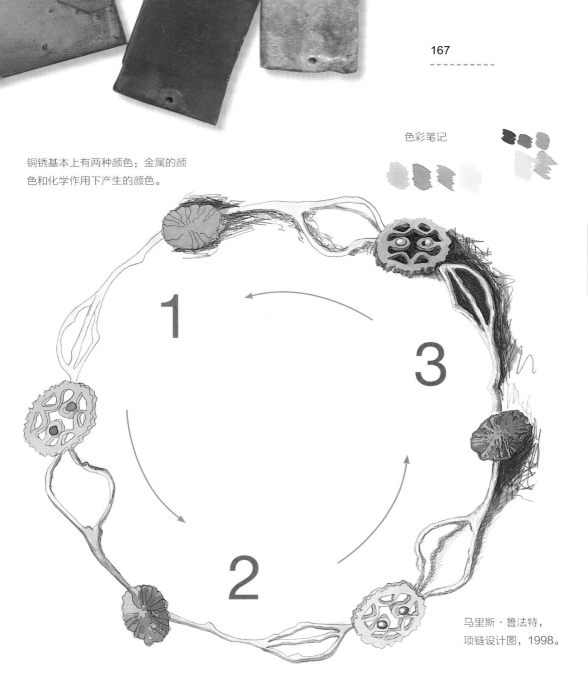

马里斯·鲁法特，
项链设计图，1998。

1. 用彩墨绘制项链上每种元素的基础色彩。

2. 接下来，通过合并每种基本色彩的阴影色调创建整体的明暗关系。

3. 最后，用不同方式表现每种铜锈。金色金属部分是用画刷蘸取稀释的灰色水粉，做出灰色。绿色的铜锈也是用两种颜色的水粉绘制的。项链周围的灰色墨水晕染区域中有一些富有表现力的铅笔线条，可以让项链与背景更好地融合。

玻璃：透明和反射

玻璃是透明的，且透明度多种多样（透明、半透明、不透明等），表面肌理也很丰富（光滑、粗糙、光亮透明、酸蚀等），色彩缤纷。所有这些因素都应在设计图中表现出来。可以用玻璃直接制作珠宝，也可以将玻璃作为釉料覆盖在珠宝表面。

玻璃

透明玻璃其实是无色的，但这种密度的材料又确实会呈现出某种色彩，逆光时较为明显。用水彩和白纸表现的效果最好，而用稀释的水粉和彩纸也可以表现。

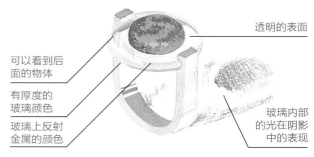

表现珠宝中的玻璃元素。

透明的表面

可以看到后面的物体

有厚度的玻璃颜色

玻璃上反射金属的颜色

玻璃内部的光在阴影中的表现

安娜·冈萨雷斯，戒指，2002。

球面玻璃以一种普遍的光反射形式吸收了自身表面的光，只有背面部分可见。

透过平面玻璃可以清晰地看到背后的所有物体。只需画出轮廓线就能暗示出材质。

弧面玻璃只反射部分光线。注意受光和阴影的边缘，这是玻璃所特有的现象。

玻璃投射出的阴影十分轻柔，其光泽十分强烈，如图所示。

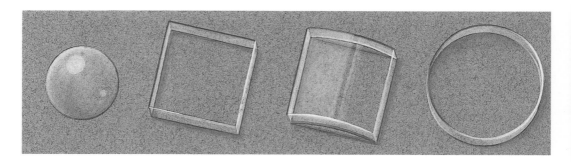

珐琅

　　由于其颜料的纯度和表面的光泽度，珐琅有很强的传导光和色的能力。表现不透光的珐琅的最佳媒介是水粉，而彩墨更适合表现透明的珐琅。颜色的均匀度会影响表面纹理，因此也会影响珐琅材质的视觉效果。

不同的珐琅是通过光在其表面产生的对比效果来识别的。不透明的珐琅质感均匀；透明的珐琅质感不均匀，内部则有更多变化。在所有的情况下，由于珐琅的玻璃样的表面，其反光很强烈。

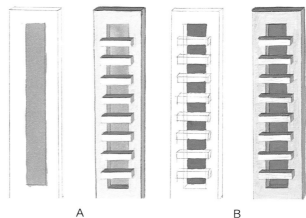

珐琅色彩测试。彩墨表现透明感，水粉表现不透明感。在彩墨上点以白色水粉点，可以模拟粗糙表面的珐琅材质。

皮勒·瓦尔，银质珐琅胸针设计。

透明珐琅（A）和不透明珐琅（B）胸针分别使用彩墨和水粉表现。

木质和日本漆：纹理与色彩

这两种材料的表现主要靠表面着色和纹理拉伸。它们的表现力在于材质的色彩和质地，都有温暖、还原性强的特点。对于表现效果，应该抱着一种自由和实验的态度，通过尝试不同的作画工具和方法，找到最理想的方式。

木材

木材的表现手法与不透明的宝石很相似，需要找到色调和纹理。最适合的媒介是彩墨，如果需要还可以在其上添加水粉和铅笔线条。每种木材都有不同的颜色和独特的纹理，仔细观察这些形式特征是理解其视觉语言的唯一方法。在这里，我们用一个具体的案例来说明常用的方法。这是一枚镶嵌木片的银戒指。

首先是色彩，必须找到最接近的棕色调。不要仅限于一种，至少两种，一明一暗用于表现纹理和结节。有些木材需要三至四种色调。

保拉·罗德里格斯，
戒指设计图，2001。

1. 在纸面上用刻刀刻出一些痕迹，使切口与纹理的朝向一致。

2. 接下来，用一支细笔刷蘸上纹理色的颜料在切口上涂抹，直到颜料渗入切口里。

3. 最后，在整个表面涂一遍整体色调的颜料。

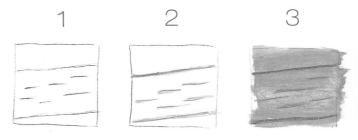

日本漆

这种非常具有装饰性的亚洲技术，其视觉魅力在于纹理和色彩的结合，有诸如黑色、红色、银色和金色等庄严的色调。其表面始终是柔软而光滑的，并带有一层蒙胧的光华。为了模仿这些令人回味的效果，有必要尝试用排斥或吸收颜料的替代支座做实验，如本页所示。由于在框架上使用了日本漆，这枚吊坠展现出了各种不同的层面。

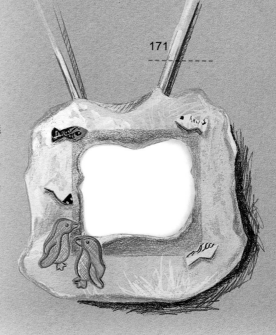

中岛富美子，吊坠，2002。

这枚吊坠的框架是甲基丙烯酸酯和少量金属制成的。它被画在彩纸上，以突出其半透明的特点。然后，在同一张纸上开一扇窗，透过它可以看到不同的漆料。

    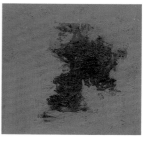

A   B   C   D   E

将水粉颜料涂在金色金属纸上。颜料已经稀释过了，所以不会粘连，颜料已经结成了单独的小块（A）。

将黑色和红色水粉涂在金属纸上，用笔尖制造出浓密的斑点状效果（B）。

在这个例子中，金属银颜料涂在了金属金纸上。颜料已经很好地附着，为了追求视觉质感故意涂抹不均匀（C）。

将金属银颜料和稍做稀释的黑色水粉涂在金属纸上。颜料不需要混合均匀，留些飞白。最后摩擦一下画面，模仿吊坠的效果。（D）

将黑色墨水涂在白纸上，在它干燥之前涂上厚厚的红色水粉，让黑色在红色的笔触间透出来（E）。

艺术珠宝
设计

我在寻找什么，超越一切表达……我在我的画中所做的一切都是富有表现力的。被人物和物体占据的空间、周围空旷的空间、比例……一切都自有其使命。

—— 亨利·马蒂斯

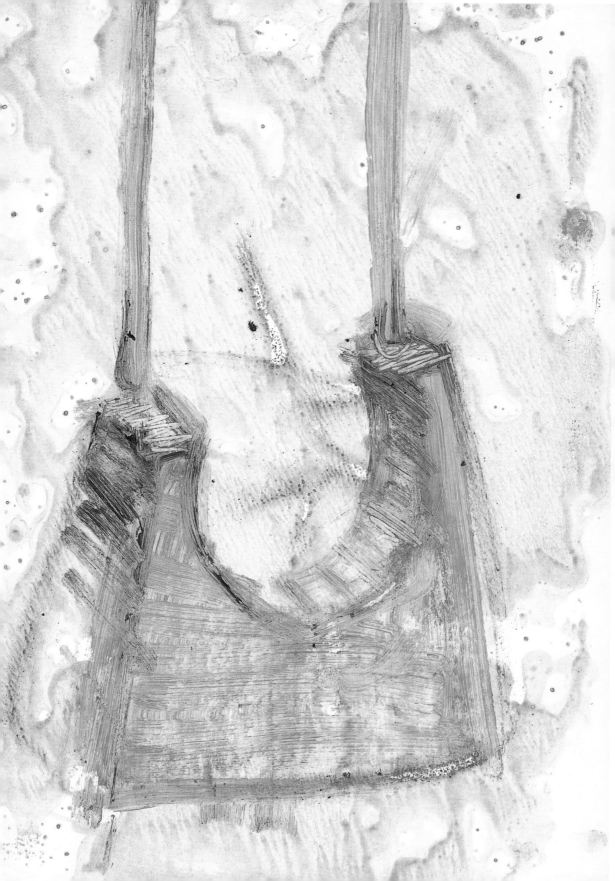

逼真的设计图：四种方案，四种语言

当设计师或珠宝商满怀信心地下笔设计时，他们已将个人的艺术价值融汇进草图之中，他们自己也收获了一定的艺术趣味。这些图纸有助于理解珠宝首饰，但同时也具有美学价值，极具表现力。这里列举了四种不同的方案，以艺术的方式运用装饰媒介体、手绘和电脑等手段表现全部或部分的设计图。

方案一：唤起情感的装饰性背景中的首饰

为了将首饰融入能够引发思绪的背景，安娜·冈萨雷斯结合使用了三种媒介：颜料、素描和数码图像。其结果是将描图纸上的细节丰富的素描图与康颂纸上打印的抽象彩色背景相结合，后者来自在Photoshop中编辑过的扫描图像。

1

2

3

1. 背景是在打印纸上用平面设计墨水（Quink）绘制的。同时，在颜料中加入漂白剂，使某些区域褪色，产生色彩氧化效果。

2. 用扫描仪选定背景图中波光粼粼的局部，这就将背景与首饰的设计主题关联了起来，因为首饰上有贝类饰物。在Photoshop中调整对比度和饱和度之后，打印在白色康颂纸上。

3. 第二个要呈现的元素是在描图纸上用彩色铅笔绘制出逼真的项链。描图纸是半透明的，仿佛为画面蒙上了一层神秘的面纱。

安娜·冈萨雷斯，装饰了自然元素的银链（树枝、海胆和贝壳），2002。

4. 这个方案的最终效果是介于抽象与现实主义之间的，亦是介于手工艺和新技术之间的。

4

方案二： 理论绘图

一幅理论绘图可以兼备逼真的视觉效果和强烈的表现力。柔和的线条、明确的形状、完美的比例、幽暗的色彩，以及精心调整的明暗对比，是以视觉和谐为主要目标的理论绘图的标志。这条银链的理论展示是使用彩色铅笔和多种硬度的石墨铅笔共同完成的。在这里，利用柔和的排线和阴影将线条隐藏起来，尽管在蓝色松软的背景下，由于光线的方向和阴影的强度，绘者的笔法并不是隐藏得很好。

安娜·普格格罗斯，银项链，2002。

这条项链是用多种硬度的石墨铅笔绘制的。背景是用钴蓝色彩铅叠加石墨铅笔线条完成的。

方案三： 虚拟效果图

有些电脑绘制的图纸比传统绘图更逼真。有些软件是专门用于珠宝设计的，有了它们，就有可能随心所欲地选择各种角度、光照，以及从海量的资料库中挑选材质，等等。

用于二维绘图的常用软件有Photo-Paint（Corel）和Photoshop（Adobe），或者是矢量软件CorelDraw（Corel）、FreeHand（Adobe）和Illustrator（Adobe）。二维和三维软件是Autocad（Autodesk）等CAD类软件；混合型（Malla+Nurbs + Render +Animation），类似3Ds max（Discreet）、Cinema 4D（Maxon Computer）、Lightwave3D（Newtek），Softimage XSI（Softimage）和TrueSpace（Caligari）；最后，还有像Pro/Engineer（PTC），Rhinoceros（Robert McNeal＆Associates），Solid Edge（EDS）和Solid Works（Solid Works）这样的软件包可以处理参数化建模（Nurbs）。

专门用于珠宝设计的软件有Jcad（Meiko），JewelCAD（Jewellery Cad/Cam）、JewelSpace（Caligari）以及包含材料和界面的软件包，这些材料和界面集成到3D软件中作为支持程序。它们有被当成软件使用的Techgems（Techjewel）、Rhinoceros，以及两个包含特殊工具的软件包，如基于Rhinoceros的Matrix 3D（Gemvision）和由Cinema提供支持的OR虚拟现实。

埃丝特·洛佩斯，3Ds max制作的戒指设计图，2002。

方案四：照片集成

　　照片集成是连接图像和创建新型视觉话语的理想方式。可以通过整合背景和人物来模拟身体或衣服上的珠宝；或者类似错视画的场景；或者更确切地说，将物体和背景结合起来，使多样性最大化，夸大对比，甚至改变材料。

　　照片集成的技术意味着真实的或虚拟的结合图像。第一种情况，使用拼贴画，直接在照片或打印图上进行；第二种情况，使用软件进行数字化处理。作者没有画出项链上的羽毛，而是将扫描的图像打印在一张合适的纸张上。

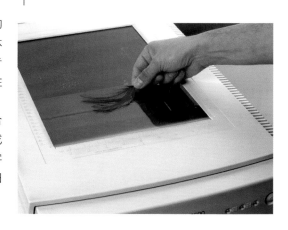

1

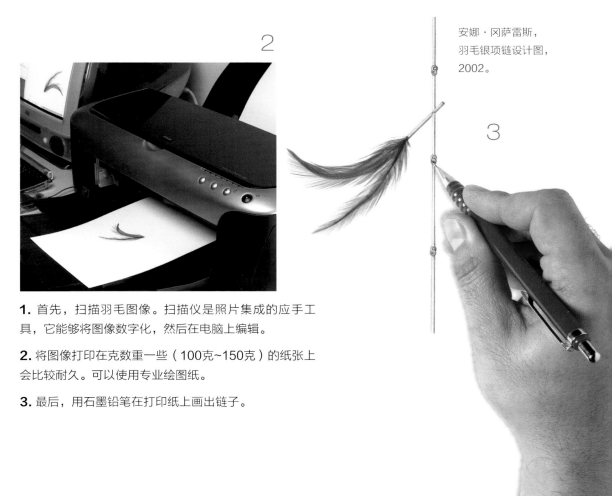

2

3

安娜·冈萨雷斯，
羽毛银项链设计图，
2002。

1. 首先，扫描羽毛图像。扫描仪是照片集成的应手工具，它能够将图像数字化，然后在电脑上编辑。

2. 将图像打印在克数重一些（100克~150克）的纸张上会比较耐久。可以使用专业绘图纸。

3. 最后，用石墨铅笔在打印纸上画出链子。

设计投影：衬托主体

　　将物体投射的投影绘制在一个假想的平面上，使物体所处的环境更加可信。要绘制任何物体的投影，有三个变量需要考虑：
1. 光源的位置（自然的或人造的）；
2. 光源相对于地平面的高度；
3. 光源相对于物品的位置。

　　始终选取一个简单的自然光源，这样所有的线条都是平行绘制的，阴影也不会扭曲。可以改变光源相对于地平面和首饰的位置和高度，以此调节投影的大小。下面来看如何绘制投影。

罗瑟·帕劳，碧玺金戒指，2000。

光线可以是自然的，也可以是人造的。自然光投射的是平行光束，而人造光源是发散光束。

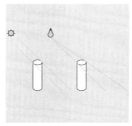

光源的高度是根据光线的角度决定的。根据光源的高度，投影的长度会有变化。

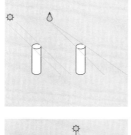

假设光源位于物体的前面、后面等方位。光源的位置是由投影的角度决定的。有一类是背光，如图中第三种，最好不要使用这种方式，因为物体的可见面全部处于阴影中。

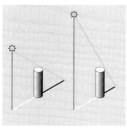

1. 要绘制阴影，首先要确定光线的角度和投影的方向。考虑到物体的多样，它们的照明必须统一，因此每幅图都可以选择不同的角度。

2. 接下来，确定物体上投影的起始点及其投射在地面上的位置。首先，找出物体的顶点和重要的点。

3. 然后，找到上述点在地平面上相对应的点。

4&5. 画出两条平行光线：光线穿过物体上每一个突出的点，这些点在地面上的投射便是投影的方向。

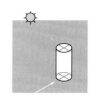

1

2

3

4

5

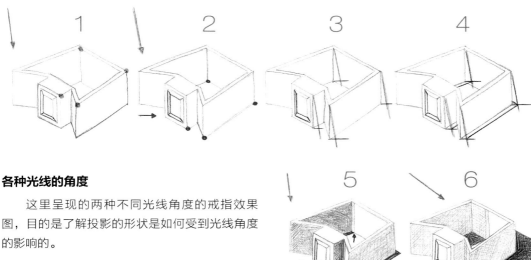

各种光线的角度

这里呈现的两种不同光线角度的戒指效果图，目的是了解投影的形状是如何受到光线角度的影响的。

1&2. 确定光线和投影的方向。接着，在物体的顶面上找到决定投影的顶点，以及这些顶点在地平面上的对应点。

3. 画出平行于光线的、穿过顶面各顶点的线；而从相应的地平面上的点出发，画出平行于投影方向的线。

4&5. 两条线的交点即是投影轮廓的顶点。两两相连，并与物体底部的投影的起始点相连。另外还应注意，随着光线与地平面的夹角变小，地面上的投影也逐渐上移。

物体位置的变化

在这两幅图中，根据物体位置的不同比较线条的复杂变化。对于具有弧形外轮廓的物体，轮廓上的都可以是阴影的生发点，优先选择极大点（切点、弧的顶点等）。

1. 绘制下面这个草图可以遵循前例的步骤。只需两个点来确定投影的轮廓，并且地平面上的这些点的投影与坐标轴重合。

2. 这个位置上的投影线更加复杂。光线的角度已经从几个点投射出来，把与地平面的交点相连会让投影的绘制容易一些。

6. 在这幅图中，光线与地平面的夹角缩小，从而产生了范围更大的投影。

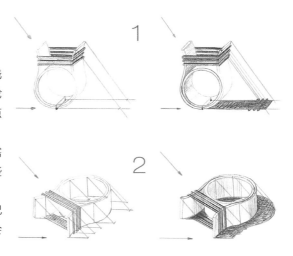

保拉·罗德里格斯，缠线金戒指，2002。

表现性设计图：
线条和阴影的明暗

表现主义艺术家曾在1906年的宣言中这样说："任何直接、公开表达且推动创造力的事物都与我们同在。"这种直接和根深蒂固很好地定义了表现主义的图像。朱利奥·卡洛·阿根这样定义它："表现主义的形象令人不安，它们好斗、危险，它们不仅要令人印象深刻，更要产生渗透性和影响力。"

笔画的表现力

笔画是线条和阴影的表现形式。这种形式非常个人化，就如同手稿中的文字或谈话时的语调一样。笔画的表现力取决于下笔的力道和特点。即便是羸弱或纤巧的，也是一种特定的风格，一种个人的表达。中规中矩的笔触则缺少意趣和风格。

有四个因素决定笔画的风格：使用的工具（铅笔、笔刷、圆珠笔、自动铅笔等），运笔的力道（较干燥的媒介取决于压力的大小，而湿润的媒介取决于颜料量），以及形状（波状、短促、点状、震颤等）。正如朱迪斯·涅托的这些戒指设计图所展现的那样，上述因素的不同组合产生了风格迥异的效果。

朱迪斯·涅托，戒指，2002。

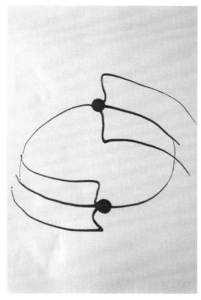

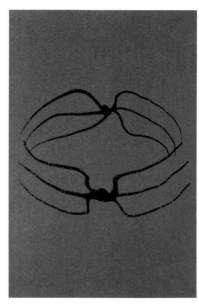

A   B   C

概括设计图

　　琼·米罗说过："我觉得有必要以最少的媒介达到最大的强度。这就是我的画面越来越精简的原因。"使用的资源越少，表现主义作品的风格就呈现得越有力度。概括是达到这种力度的理想手段。它包括对形状和结构骨架的精髓的提炼，这便是对基本线条和轮廓的图像化解读。设计图的表现力可以从这些精髓中找到。利用这些重要的标志为系列作品设计出符号，帮助迅速识别珠宝的风格。

　　安娜·马内斯的这三幅概括设计图强调了笔触的形式，通过赋予画面诗性和表现力来表现手镯。它们以不同的方式呈现：在被墨汁涂满的描图纸上，用蜡画出手镯形成一个空间，然后将图像复印在蓝色康颂纸上（A）；直接用墨汁画在金属色潘通纸绘制（B）；最后，用墨汁在描图纸上画出手镯，然后将图像复印在蓝色康颂纸上（C）。

绘画的价值

当设计师以艺术效果而不是描述作品为目的来表现一件首饰时，设计图就变成了艺术作品，它的绘画价值与任何其他表现不同主题的素描或油画的价值相同。众多技法和资源的运用取决于所选择的媒介，从而赋予作品特殊的感受。这里列举了三位珠宝设计师的创作手法：米盖尔·加西亚的项链，阿曼达·弗兰奇的耳环和手镯，以及贝尼特·洛伦特的戒指。这些画面对于表现首饰十分特立独行，并且具有审美价值。当从珠宝的视觉表现中发现了艺术价值，一种自然的联系便悄然建立，同等的艺术价值也被赋予在珠宝身上。事实上，每件珠宝的背后都有一种创造行为，珠宝商或设计师可以在设计图中进行再创造。

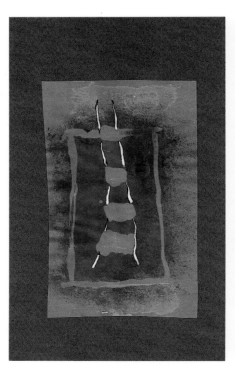

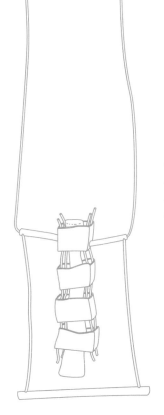

设计师在描图纸上绘制的首饰，用蜡烛、海绵蘸着赭石色水彩上色，用白色水粉和黑色墨水加强线条。

左图为米盖尔·加西亚，吊坠设计图，2000。使用电脑软件（CorelDraw）绘制的逼真的首饰形态效果图。

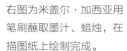

右图为米盖尔·加西亚用笔刷蘸取墨汁、蜡烛，在描图纸上绘制完成。

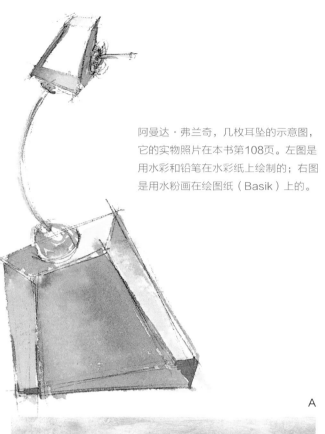

阿曼达·弗兰奇，几枚耳坠的示意图，它的实物照片在本书第108页。左图是用水彩和铅笔在水彩纸上绘制的；右图是用水粉画在绘图纸（Basik）上的。

A

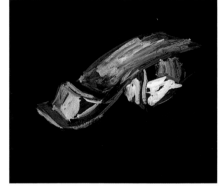

贝尼特·洛伦特，戒指，2002。
这枚戒指的写实草图在本书第143页。
在这里，作者运用了一些十分生动的绘画技法，比如特别的笔锋和厚涂法，纸上丙烯。

B

C

阿曼达·弗兰奇，艺术化的草图。
Pontenuovo手镯效果图，实物照片参见本书第109页。她运用了强烈的笔触和滴瓷漆来表现（A），羽毛笔和墨汁绘制（B），以及用粗粝的笔触和抹蹭瓷漆表现（C），纸张均为打印纸。

作为艺术作品的设计：
作为灵感源泉的设计图

到目前为止，本书已经展示了图纸是如何从珠宝中提取出来的。首先，珠宝首饰诞生于设计师的头脑中，然后通过图纸将想法表现出来，使其可视可行。然而，珠宝的设计却恰恰相反，它是从某种描述性的事物中生发出来的。这是一个启发式过程，环环相扣，并且是开放式的。在这个过程中，一张图纸诞生出一件首饰，然后又引出另一幅说明图，同时又继续激发出其他作品。

卡米·奥尔塔的这项独一无二的设计就是这个过程的例证。这是一组用金属银、纸张和珍珠制作的胸针系列。这一系列的灵感来源于一件超现实主义风格的装饰画。画面中的图形符号、色彩和描述性纹理引导作者利用彩色纸张制作骨架，而用传统材料（银、珍珠）做造型和装饰。

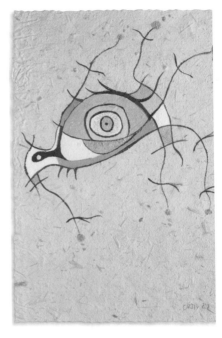

这件壮丽的作品绘制在一张非常粗糙的手工纸上。媒介通常会赋予图像一种特殊的风格。卡米·奥尔塔的形式让人联想到某些原始文化中的象形文字。

这些图像来自一种非常直观的创作方法，其形式和颜色以自然的方式呈现，而非强制，就像人们在打电话时的信手涂鸦一样。

卡米·奥尔塔，胸针，2002。
材料为金属银、珍珠和纸张。首饰
保留了浓厚的超现实主义风格。这
些胸针没有一个与图纸完全相符。
这很重要，因为这些图并不是示意
图，而是激发灵感的图像。作者在
作画时，并不是在设计珠宝，而是
在创作具有自身价值的图像。之
后，这些图纸可以变成珠宝，或仅
仅是为其他设计提供灵感。

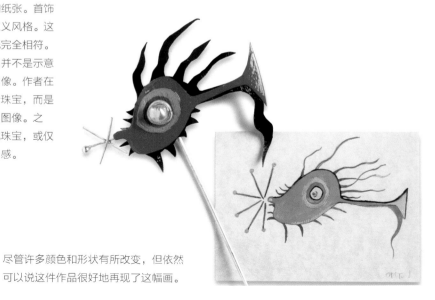

尽管许多颜色和形状有所改变，但依然
可以说这件作品很好地再现了这幅画。

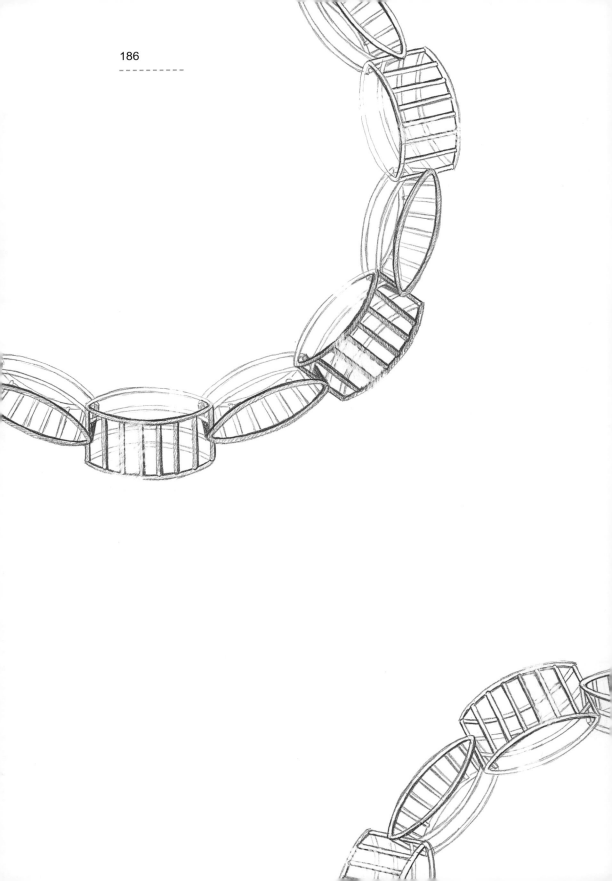

参考书目

• Colección Temes de joieria contemporània.
(Renart Edicions, Barcelona.)

• Czerwinski, Albert. Anleitung zum
Schmuckmalen. (Rühle-Diebener-Verlag,
Stuttgart, 1926 [second edicion, 1984]).

• Fischer, Harald. Schmuckzeichnen mit GZ.
(Rühle-Diebener-Verlag, Stuttgart, 1992).

• McCreight, Tim. Practical Jewelery Rendering.
(Brynmorgen Press, USA, 1993).

• Rodríguez de abajo, F. Javier y Galárraga
Astibia, Roberto. Normalización del dibujo
industrial.
(Editorial donostiarra, San Sebastián).

致谢

The authors wish to thank the students of
the Escolad'Arts i Oficis de la Diputacion de
Barcelona. They have motivated us to orga-
nize and formulate useful teaching proposals
which years later have been expressed in this
book. They have also collaborated by gene-
rously providing jewelry and design to give
these pages shape.
Thank you to Violant Cebria and Gamma
Guasch for the work provided in the adap-
tation of the international rules of technical
drawing to the specific area of jewelry; and to
Sonia Serrano for her advice as a gemologist.
Thank you to our respective families for the
patience they have had and the moral and
practical support they have given us.
Thank you to Victor Caparros, EnricMajoral,
and Ramon Oriol for their collaboration and
kindness. To ManelBofarull, MontseGuasch,
and the Losper Foundation for their respective
support.ToJaumeNos, Joan Soto, and Ser-
giOriola from Nos&Sotophotographic studio,
for their patience, professionalism andcapaci-
ty to make the most of every moment of work.
Thanks to Paragon publishing house for thin-
king about jewelers and taking a risk on this
book, which we hope will be a great day-to-
day help for all of them.
Thank you especially to Maria Fernanda
Canal for her involvement, page by page, in
the interests of clarity; her professionalism is
present in the whole work.
Finally we want to express our mutual gra-
titude for the part that each one of us has
played so that the collaboration was a true
sum of capabilities and capacities. Those
first seminars given and long hours preparing
classes have finally materialized into the form
of a book thus achieving much more than we
ever suspected.

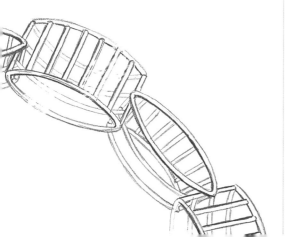